二十四节气综合实践

秦世松 杨 智 / 主编

上册

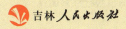 吉林人民出版社

图书在版编目（CIP）数据

二十四节气综合实践 / 秦世松, 杨智主编. -- 长春：
吉林人民出版社, 2025.4. -- ISBN 978-7-206-21952-8

Ⅰ . P462-49

中国国家版本馆CIP数据核字第2025T4B231号

二十四节气综合实践

ERSHISI JIEQI ZONGHE SHIJIAN

主　　编：秦世松　杨　智

责任编辑：衣　兵　　　　　　　装帧设计：书香力扬

出版发行：吉林人民出版社（长春市人民大街 7548 号　邮政编码：130022）

印　　刷：四川科德彩色数码科技有限公司

开　　本：787mm×1092mm　1/16

印　　张：14.75　　　　　　　字　　数：200千字

标准书号：ISBN 978-7-206-21952-8

版　　次：2025年4月第1版　　　印　　次：2025年4月第1次印刷

定　　价：68.00元（上、下册）

编 委 会

探时序之美　悟天地大道

——崇州市辰居小学二十四节气读本序

时光流转，四季轮回，中国二十四节气如同一幅幅细腻的画卷，串联起了大地四季更迭的生命旋律。

二十四节气作为我国古代农耕文明的产物，是劳动人民长期观察天文地理、气候物候变化的结果。其科学严谨的划分方法，使得节气与自然界的循环节奏高度吻合，体现了古代中国人民对自然规律的高度认知与尊重。尽管现代社会科技发展迅速，二十四节气却依然保持着旺盛的文化生命力，在人们生活、工作的方方面面继续发挥着积极作用。农民根据它安排播种、收获，科研人员根据它研究生态环境，中医师根据它指导养生保健。因此，传承发扬二十四节气文化是走向传统文化深水区，习得生命智慧的重要路径。

有幸的是，崇州市辰居小学专门为孩子们编著了一套"二十四节气读本"，美丽而精致。阅读它，仿佛一扇通往传统文化宝藏的大门就在眼前，又仿佛为孩子们架设了一座走向大自然奥秘的生动桥梁。读本以春夏、秋冬两篇展开，以二十四节气为背景，借助相关的综合实践活动，从中国农耕文化出发，溯源节气概念、由来，介绍节气的气候特征，引入古诗词，提升学生的文化积累与审美体验。从学科来看，融合地理、历史、科学、文学、信息技术等多门学科知识；从内容上看，包揽自然、历史、文学、民俗、农耕、古诗词等丰富知识。同时，注重设置综合实践活动，带领孩子们通过定期观察自然，完成观察笔记等具身体验，提高其日常观察能力。总体上充满了科学性、文化感。

孩子们通过这套读本，可以感受到立春咬春、春分踏青、端午赛龙舟、中秋赏月等各地风俗民情；更可以领略到立春时"好雨知时节，当春乃发生"的春意复苏，感受到惊蛰时"微雨众卉新，一雷惊蛰始"的万物萌动；振奋于夏至之际"绿筠尚含粉，圆荷始散芳"的盎然生机，沉吟于秋天"霜降水返壑，风落木归山"的萧森肃穆……

可以说，这套读本的编写，为孩子们在快节奏现代社会中寻到了一座能够沉浸式体验自然的乐园，铺设起了一条通向自然与文化之美的大道。孩子们在阅读中可以安静地感受大自然的魅力，在实践中可以活泼地体验传统文化的乐趣。这是多么幸福的一件事啊！

希望孩子们通过这套读本，能够更深入地建立起与自然的联系，传承中华民族的优秀传统文化，增强文化自信，在二十四节气的轮回中，收获知识、快乐和成长！

薛涓

甲辰重阳于成都

目 录 Contents

第一章

二十四节气

　　中国文化源远流长、博大精深，古人很早就开始探索宇宙的奥秘。二十四节气最初是依据斗转星移制定的。现行的"二十四节气"则是依据太阳在回归黄道上的位置制定，即把太阳周年运动轨迹划分为24等份，每15°为1等份，每1等份为一个节气。一年四季，春夏秋冬各三个月，每月两个节气，始于立春，终于大寒。

　　二十四节气准确地反映了自然节律变化，在人们日常生活中发挥了极为重要的作用。它不仅是指导农耕生产的时节体系，更是包含丰富民俗事象的民俗系统。

春季六节气： 立春　雨水　惊蛰　春分　清明　谷雨
夏季六节气： 立夏　小满　芒种　夏至　小暑　大暑
秋季六节气： 立秋　处暑　白露　秋分　寒露　霜降
冬季六节气： 立冬　小雪　大雪　冬至　小寒　大寒

　　这二十四节气中，立春、立夏、立秋、立冬，合称"四立"，春分和秋分合称"二分"，夏至和冬至合称"二至"。"四立"与"二分二至"加起来共为"八节"，民间称为"四时八节"。

节气歌

怎么记住24个节气呢？我们可以通过有趣的《二十四节气歌》来记住。

二十四节气歌

春雨惊春清谷天， 夏满芒夏暑相连。

秋处露秋寒霜降， 冬雪雪冬小大寒。

每月两节不变更， 最多相差一两天。

上半年来六廿一， 下半年是八廿三。

大意

"春雨惊春清谷天"指春季六节气：立春、雨水、惊蛰、春分、清明、谷雨。

"夏满芒夏暑相连"指夏季六节气：立夏、小满、芒种、夏至、小暑、大暑。

"秋处露秋寒霜降"指秋季六节气：立秋、处暑、白露、秋分、寒露、霜降。

"冬雪雪冬小大寒"指冬季六节气：立冬、小雪、大雪、冬至、小寒、大寒。

"每月两节不变更，最多相差一两天。上半年来六廿一，下半年是八廿三。"意思是：每个月两个节气，每年每个节气的时间最多相差一两天。上半年的每个月两个节气，前一个节气在六日左右，后一个在二十一日左右。下半年的每个月两个节，前一个在八日左右，后一个在二十三日左右。它们前后不差1—2天。

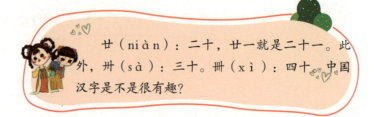

廿（niàn）：二十，廿一就是二十一。此外，卅（sà）：三十。卌（xì）：四十。中国汉字是不是很有趣？

节气时间

地球绕着太阳转，绕完一圈是一年。一年分成十二月，二十四节紧相连。按照公历来推算，每月两气不改变。节气歌里也这样说到"每月两节不变更，最多相差一两天。上半年来六廿一，下半年是八廿三"。

一年中每个节气大概的时间如下：

春季	日期	夏季	日期	秋季	日期	冬季	日期
立春	2月3—5日	立夏	5月5—7日	立秋	8月7—9日	立冬	11月7—8日
雨水	2月18—20日	小满	5月20—22日	处暑	8月22—24日	小雪	11月22—23日
惊蛰	3月5—7日	芒种	6月5—7日	白露	9月7—9日	大雪	12月6—8日
春分	3月20—22日	夏至	6月21—22日	秋分	9月22—24日	冬至	12月21—23日
清明	4月4—6日	小暑	7月6—8日	寒露	10月8—9日	小寒	1月5—7日
谷雨	4月19—21日	大暑	7月22—24日	霜降	10月23—24日	大寒	1月20—21日

课外综合实践 ⊏⊐⊏⊐⊏⊐⊏⊐⊏⊐⊏⊐⊏⊐⊏⊐⊏⊐⊏⊐⊏⊐⊏⊐⊏

　　每年的二十四个节气的时间略有不同，我们今年就花一年的时间，来验证一下是不是如节气歌说的这样呢？

　　请认真准确填写今年的二十四节气每个节气的具体时间。

年份：　　　　　　　填写人：

春季	日期	夏季	日期	秋季	日期	冬季	日期
立春		立夏		立秋		立冬	
雨水		小满		处暑		小雪	
惊蛰		芒种		白露		大雪	
春分		夏至		秋分		冬至	
清明		小暑		寒露		小寒	
谷雨		大暑		霜降		大寒	

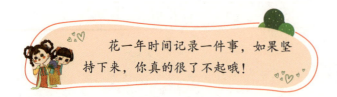

花一年时间记录一件事，如果坚持下来，你真的很了不起哦！

自然实践

　　仁者乐山，智者乐水。一年十二个月份，二十四个节气，春夏秋冬，树木花草、鸟兽虫鱼皆不相同。在山上走的时候，大自然会开启我们的耳朵，开启我们的眼睛，打开我们的心，让我们用心感受大自然。

　　让我们花一年的时间，在每一个节气去攀登同一座山，过同一条溪流。让孩子们感受在不同季节同一座山上花草树木、鸟兽虫鱼的变化。

　　孩子们还可以重点选择山上的一棵树（最好是落叶乔木，果树更好哦），观察它一年四季花开花落，果实成熟的过程。此外，孩子们每次认真观察自然中的各种小动物，他们会发现自然界就是一个奇妙的动物园。

　　在一次次攀登的过程中，可以培养孩子们敏锐的观察力、坚韧的意志力，培养发现美、欣赏美的能力，让孩子们在自然中感受生活的美好与幸福。

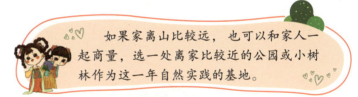

　　如果家离山比较远，也可以和家人一起商量，选一处离家比较近的公园或小树林作为这一年自然实践的基地。

登山人		陪同人	
我的选择	□山 □公园 □小河 □树		
介绍			

　　和家人商量好每个节气需要攀登的山后，尽量每个节气都去，你会发现这座山每个节气都有变化哦！如果时间不允许，也可以每个月去一次。记得做好记录哦！

课堂学习

第二章

立 春

立春，为二十四节气之首，于每年公历2月3—5日交节。

立春标志着万物闭藏的冬季已过去，开始进入风和日暖、万物生长的春季。在自然界，立春最显著的特点就是万物开始有复苏的迹象。

中国古代将立春的十五天分为三候："一候东风解冻，二候蛰虫始振，三候鱼陟负冰。"说的是立春开始，东风送暖，大地开始解冻。立春五日后，蛰居的虫类慢慢在洞中苏醒，再过五日，河里的冰开始融化，鱼开始到水面上游动，此时水面上还有尚未完全融化的碎冰片，如同被鱼负着一般浮在水面。

立，是"开始"之意。所以，四个季节的第一个节气分别是"立春""立夏""立秋""立冬"。

 **立春习俗**

　　立春主要有迎春、打春牛、踏春等习俗。立春时节在迎春仪式上"打春牛"，又称为鞭春，流行于中国许多地区。"春牛"用桑木做骨架，冬至节后辰日取土塑成。立春前一日，人们到先家坛奉祀，然后用彩鞭鞭打，把"春牛"赶回县衙，在大堂设酒果供奉。男女老少牵"牛"扶"犁"，唱栽秧歌，祈求丰年。

 **立春食俗**

　　中国民间有立春"咬春"的说法，以前"咬春"的时候，吃生萝卜消食防病。因为萝卜味辣，取古人"咬得草根断，则百事可做"之意。现在"咬春"多是吃春饼和春卷。

 立春诗词

立 春

（宋）白玉蟾

东风吹散梅梢雪， 一夜挽回天下春。
从此阳春应有脚， 百花富贵草精神。

大意

　　春风吹尽了蜡梅梢头上的积雪，冰化雪消，草木滋生，一夜之间春天就已经来到了。从此以后，春天就像有了脚一样，所到之处花花草草都繁盛地开放了。

　　阳春有脚，写得多么生动有趣呀！"阳春有脚"也是称誉贤明的官员。

 **立春谚语**

立春晴，一春晴，立春下，一春下，立春阴，花倒春。

大意

立春如果是天气晴朗的话，整个春天都是晴空万里；如果是下雨或者下雪的天气，那么今年的春天则是雨水颇丰；如果是阴天也不下雨，也不下雪，就要预防在春季发生倒春寒的自然灾害。

在今年立春这一天，你一定要留意当天的天气，看看是不是像谚语中说的一样

一年之计在于春，一日之计在于晨。

大意

一年中最关键的时间是春天，一天中最关键的时间是在黎明。

腊月立春春水早，正月立春春水寒。

大意

腊月立春，天气很早就开始变暖，所以春水来得早一点，农作物有了充足的雨水，就会生长得好。反之，如果是正月立春，还要等一段时间天气才会变暖，降雨才会增多，春水来得就要晚些，农作物生长得不好也就会影响一年的收成。

咬春的传说

相传在很久很久以前，有一年的立春前，当人们准备热热闹闹迎接立春时，不料，瘟疫四起，村里人都病了。

一个道人来到村东头的一棵古树下，向南海的观世音菩萨祈求医治瘟疫的方法。观音菩萨告诉他，等立春地气通时，让村民百姓每人啃吃几口萝卜，瘟疫便可不治而愈。于是道人奔向了村庄的每家每户，让人们啃吃萝卜。结果，还真灵验，人们吃了萝卜之后，病全都好了。

从此，乡人便在立春这天啃吃几片萝卜，以求平安。"咬春"的习俗也由此形成并持续至今。

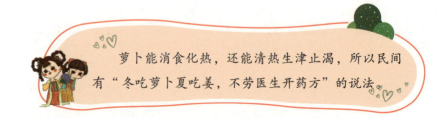

萝卜能消食化热，还能清热生津止渴，所以民间有"冬吃萝卜夏吃姜，不劳医生开药方"的说法。

立春农事

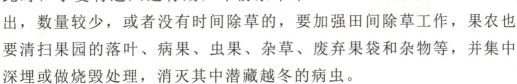

在古时，立春这一天，皇帝亲自下地耕田，替苍生祈求新的一年风调雨顺、五谷丰登。可见立春在一年农事活动中的重要性。

立春时，农民就要开始准备春耕。此时，小麦将进入返青期，年前杂草未出，数量较少，或者没有时间除草的，要加强田间除草工作，果农也要清扫果园的落叶、病果、虫果、杂草、废弃果袋和杂物等，并集中深埋或做烧毁处理，消灭其中潜藏越冬的病虫。

通关检测

一、判断题

1.公历2月3—5日交节。（　　）

2.立春最显著的特点就是万物生长。（　　）

3.立春打春牛打的是真牛。（　　）

二、选择题（多选）

1.立春三候指（　　）。

A.一候东风解冻　　B.二候蛰虫始振　　C.三候鱼陟负冰

2.立春时"咬春"可以吃（　　）。

A.萝卜　　B.春饼　　C.羊肉汤

课外综合实践

食俗实践

宋代名人蔡襄曾留下"春盘食菜思三九"的诗句，盛赞春卷的美味，可见从古至今春卷都深受百姓的喜爱。立春时节来一盘春卷，应时应景，又美味开胃。

春卷制作

食材准备：

胡萝卜一根、红萝卜一根、莴笋一根，春卷皮适量。

食盐、姜、生抽、香醋、香油、蒜泥、辣椒油、小葱、白糖、橄榄油等。

具体做法：

1.把红萝卜、莴笋、胡萝卜洗净去皮切丝。

2.将三种蔬菜按自己喜欢的口味混合凉拌。

3.取一张春卷皮，上面放入适量拌好的蔬菜，全部卷起来就可以了。

我们了解了春卷的制作，其实不同地域春卷的制作各不相同，你可以通过视频了解更多春卷的做法，然后选择一种你最感兴趣的，亲手做一做吧！

姓名		学校班级	
菜名			
所需材料			
制作过程			
我的晒图			
分享美食的感受			

 **自然实践**

　　自然，是一所最伟大的学校。立春时间，万物开始复苏，让我们在家长的陪伴下，登上你之前选好的附近的一座山。开始今年的山水课程吧！

"立春"登山大自然笔记

山名		登山时间	
陪同人		天气	
登山路线			
路途见闻 （图片或文字）			
我的感受			

　　建议选定好附近的一座山后，这一年的二十四节气都能去攀登一次，观察一年之间一座山上自然景物的变化，最好在这座山上确立几个点，比如一棵落叶乔木、一丛杂草、一丛野花、一个池塘、一条溪流等，每一次登山的途中都和自己选定的景物拍一张照片，一年过后，你一定会有很神奇的发现哦！

第三章

雨 水

雨水是二十四节气中的第二个节气，雨水节气时段一般从公历2月18—20日交节。

雨水是指降雨开始。这时的降雨多以小雨或毛毛细雨为主，它是农耕文化对于节令的反映。春天的雨水，润物无声，让枯木逢春，让种子得以萌发。

古代将雨水分为三候："一候獭祭鱼，二候鸿雁来，三候草木萌动。"意思是说：雨水节气来临，水面冰块融化，水獭开始捕鱼了，水獭喜欢把鱼咬死后放到岸边依次排列，像祭祀一般，所以有了"獭祭鱼"之说。雨水五日后，大雁开始从南方飞回北方。再过五日，草木随着地中阳气的上腾而抽出新芽。

由于我们国家幅员辽阔，各地同一时间景象大不相同。进入雨水节气，中国北方地区尚未有春天的气息，南方大多数地方则是春意盎然，一幅早春的景象。

雨水习俗

　　雨水节是一个非常富有想象力和人情味的节日。"雨水节·回娘家"是流行于川西一带的节日习俗。到了雨水节气，出嫁的女儿纷纷带上礼物回娘家拜望父母，感谢父母的养育之恩。

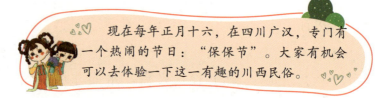

　　现在每年正月十六，在四川广汉，专门有一个热闹的节日："保保节"。大家有机会可以去体验一下这一有趣的川西民俗。

雨水食俗

　　雨水的食俗主要有食香椿，香椿树发的嫩芽，采摘下来洗净剁碎，可以用来炒鸡蛋，或者是制作成香椿饼，味道非常鲜美。

　　此外雨水节气还有食红枣粥、蜂蜜水、春笋和爆米花等习俗。

早春呈水部张十八员外（其一）

（唐）韩愈

天街小雨润如酥，　草色遥看近却无。
最是一年春好处，　绝胜烟柳满皇都。

大意

　　京城的街道上下着蒙蒙细雨，雨丝细密而滋润，小草钻出地面，远望草色依稀连成一片，近看时却显得稀疏零星。一年之中最美的时候就是这早春的景色，它远远胜过了绿杨满城的暮春时分。

雨水谚语

雨水有雨庄稼好，大麦小麦粒粒饱。

大意

如果在雨水节气当天有降雨的话，那么便意味着今年的降雨量会很充沛，在雨水的滋润下，大麦、小麦等这些农作物都会茁壮生长，粒粒饱满。

一场春雨一场暖，十场春雨要穿单。

大意

意思是春天每下完一场雨，天气就会比之前暖和一些。

雨打雨水节，二月落不歇。

大意

如果雨水前后下雨，那么后期雨天就会比较多，整个二月都会一直沥沥拉拉地下。

雨水节的传说

　　相传很久以前，人间冬天和春天是不下雨的。经过一个干旱的冬天，人间土地干涸，庄稼无法生长，百姓们生活苦不堪言。一位善良的少年决心要改变这个状况，他独自一人登上了神山，寻找能带来雨水的神龙。经过千辛万苦，他终于在春天来到不久后找到了神龙的巢穴。少年向神龙诉说了人间的苦难，祈求神龙帮助人们解除干旱。神龙被少年的勇气和善意所感动，他答应带来雨水，让人们过上丰收的生活。从此以后，神龙第一次降下雨水这一天便被人们确立为"雨水节"，雨水节气也成为人们的希望和庆祝的日子。

雨水农事

俗话说："春雨贵如油。"适宜的降水对农作物的生长很重要，雨水时节的农事也是非常重要的。

但中国地大物博，对于北方地区来说，雨水节气仍是冬天景象，此时还在"七九"当中，所以要做好农作物的防寒保暖。

对中国大部分地区而言，寒冷的冬天已过，天气回暖，有利于越冬作物返青或生长，因而要抓紧农作物的田间管理，做好春季、夏季蔬菜的种植规划。

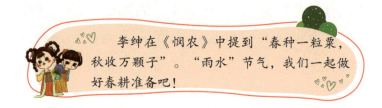

李绅在《悯农》中提到"春种一粒粟，秋收万颗子"。"雨水"节气，我们一起做好春耕准备吧！

通关检测

一、雨水节气有许多诗词与谚语，连一连

《春夜喜雨》　　杜甫　　小楼一夜听春雨，深巷明朝卖杏花。

《初春小雨》　　韩愈　　红楼隔雨相望冷，珠箔飘灯独自归。

《临安春雨初霁》　　李商隐　　好雨知时节，当春乃发生。

《春雨》　　陆游　　天街小雨润如酥，草色遥看近却无。

科学实践

雨水时节集水实践活动

活动目标:

1.了解雨水节气与人们生活密切相关。

2.尝试运用自制容器收集雨水,并且观察雨水时节降雨特点。

3.通过收集雨水的过程和利用水资源,提高学生节约用水的意识。

一、制作收集雨水装置流程

由于雨水时节气温回升、冰雪融化、降水增多,故取名为雨水。雨水时节可以制作雨水收集装置,用于观察降雨量的变化。

1.制作集水量杯。可以购买有刻度的量杯,也可以利用家里其他有刻度的容器。

2.收集雨水。选择雨水节气里有雨的一天,将制作的简易集水器放到室外,开始时间上午8点、9点、10点第一轮,11点、12点、13点第二轮,14点、15点、16点第三轮,17点、18点、19点第4轮,每3个小时为一轮记录降雨量。

3.看降水量画统计图

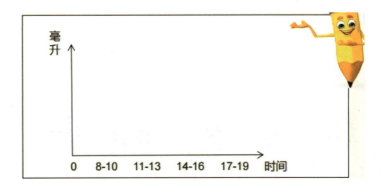

二、制作雨水净化器

我们收集的雨水可以通过自制的净水器进行过滤净化。

准备材料：空矿泉水瓶、剪刀、棉花、纱布、活性炭、石头、杯子、吸管。

1.把瓶子一分为二，比例自行调整，剪下来的瓶子可当杯子接过滤的水，瓶盖打小孔；

2.一层放棉花；

3.二层放纱布（医用纱布片）；

4.三层放活性炭包；

5.四层放纱布；

6.五层放鹅卵石（小石子在下，大石子在上）；

7.倒入雨水进行净化。

拍照展示自制净水器

种生菜

　　生菜嫩脆爽口，因宜生食而得名。生菜不耐寒也不耐热，也是一种典型的喜凉蔬菜，其最适宜生长的温度为15—20℃，当温度超过25℃时叶质就会变老、变苦，非常适合在雨水节气后种植。

　　生菜喜湿，土壤湿润时叶片会长得肉嫩多汁，在生菜生长期我们同样要勤浇水，尽量保持土壤湿润。生菜分为皱叶生菜和结球生菜，对于皱叶生菜，施肥我们可以氮肥为主；对于结球生菜，我们还需追施钾肥，可以结球初期喷施磷酸二氢钾400倍液。

生菜成长记录

	生菜图片或照片	我的观察日记
第一次 （　　）		
第二次 （　　）		
第三次 （　　）		

 自然实践

　　自然，是一所最伟大的学校。雨水时节，万物开始复苏，让我们在家长的陪伴下，登上你之前选好的附近的一座山，开始今年的第二次登山旅程吧！注意对比看看这一次沿途的自然环境较立春时节有什么变化吗？

"雨水"登山之大自然笔记

我选的山		登山时间	
陪同人		天气	
我的登山路线			
路途见闻（图片或文字）			
我的感受			
我发现雨水时节与前面节气自然环境的变化			

第四章

惊 蛰

惊蛰，古称"启蛰"，是二十四节气中的第三个节气。在公历3月5—6日之间交节。

惊蛰时节，天气转暖，渐有春雷。动物入冬藏伏土中，不饮不食，称为"蛰"，"惊"指"惊醒"，天上的春雷惊醒蛰虫，所以"惊蛰"就是指上天以打雷惊醒蛰居动物的日子。

惊蛰分为三候："一候桃始华，二候仓庚（gēng）鸣，三候鹰化为鸠。"意思是立春五日后，因为进入仲春，天气渐暖，大地桃花红、梨花白。再过五日，黄鹂等鸟儿开始大声鸣叫。再过五日，飞鸟中的鸠（杜鹃），也开始寻找巢穴孕育繁殖新的生命。

鹰在春天多半会藏起来，此时却仍能听到鹰的鸣叫声，其实并非真正鹰的叫声，而是鸠鸟（杜鹃）扮作鹰的叫声而成。鸠鸟"化装成鹰"，为的是暂时吓跑喜鹊，把自己的蛋下到喜鹊的巢穴里，这就是成语"鸠占鹊巢"的来历。

惊蛰习俗

惊蛰的雷声唤醒了冬眠中的蛇虫鼠蚁。所以古时惊蛰当日，人们会手持清香、艾草，熏家中四角，以香味驱赶蛇、虫、蚊、鼠和霉味。久而久之，渐渐演变成不顺心者拍打对头人和驱赶霉运的习惯。

惊蛰食俗

俗话说"冷惊蛰，暖春分"，仲春二月还处于乍寒乍暖之际，气温多变，气候较为干燥，容易口干舌燥、外感咳嗽。吃梨止咳润肺，平复五脏，以增强体质。而且，人们还认为惊蛰吃梨，寓意着和害虫分离，远离疾病。所以惊蛰时节，很多地方有吃梨的习俗。

此外，惊蛰日还有吃龙须面的习俗。

惊蛰时节在二月初，民间有"二月二，龙抬头"的说法，所以，惊蛰烙的饼子上要有龙鳞的图案，包的饺子上要有龙牙，用龙在人间的寓意期盼吉祥平安。

惊蛰诗词

惊　蛰

（唐）刘长卿

陌上杨柳方竞春，　塘中鲫鲋早成荫。

忽闻天公霹雳声，　禽兽虫豸倒乾坤。

大意

　　大地上杨柳刚刚抽芽，枝叶稀少，尚未能成荫。而池塘中的鲫鱼鲋鱼，却早已迎春嬉戏游动，像杨柳倒影入水成荫。忽然间春天的第一声雷响，惊起蛰伏的世间万物，竞春生长！

惊蛰谚语

　　春雷响，万物长。

大意

　　春雷响了，春天就到了，万物开始复苏。

　　惊蛰节到闻雷声，　震醒蛰伏越冬虫。

大意

　　惊蛰时节，春雷始鸣，春气萌动，惊醒了蛰伏于地下越冬的蛰虫。

黄帝战蚩尤

相传，惊蛰时节雷鸣被认为是天庭雷神在击鼓，因此，民间就有蒙鼓皮敲鼓回应的习俗。最早的"惊蛰蒙鼓皮"出现在黄帝战蚩尤的神话传说里。

传说蚩尤有81个兄弟，全是猛兽的身体，铜头铁额，凶猛无比。蚩尤经常攻打炎帝，炎帝几次起兵抵抗，但不是蚩尤的对手。炎帝战败后，带领他的部落逃到涿鹿，请求黄帝帮助复仇。

黄帝早就想除掉蚩尤，就与炎帝联合在一起，并联络其他一些部落，招集人马，在涿鹿郊外与蚩尤展开了一场殊死决战。

战斗一开始，蚩尤一方占尽优势。没多久，黄帝利用狂风大作、飞沙走石的天时，把经过训练的300匹火畜组成一支"骑兵"，朝蚩尤军心脏长驱直入。黄帝还准备了80面夔牛大鼓，趁风沙弥漫之时擂鼓吹号以震慑敌人。

突如其来的反攻让蚩尤的军队开始自相踩踏、慌不择路，终于陷入崩溃，节节败退。最后蚩尤无心恋战，向南逃跑。

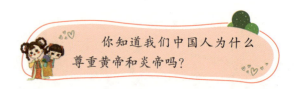

你知道我们中国人为什么尊重黄帝和炎帝吗？

惊蛰农事

　　我国劳动人民自古就很重视惊蛰节气，把它视为春耕开始的日子。这个时节，华北冬小麦开始返青生长，土壤仍冻融交替，及时耙地是减少水分蒸发的重要措施。干旱少雨的地方还应适当浇水灌溉。江南小麦已经拔节，油菜也开始开花，对水、肥的要求很高，应及时追肥。

通关检测

一、判断题

　　1.惊蛰是二十四节气中第二个节气。（　　　）

　　2.惊蛰到了，春雷响动，万物开始生长。（　　　）

二、选择题（单选）

　　1.惊蛰时节，人们有吃（　　　）的习惯。

　　A.春卷　　B.梨　　　C.汤圆

　　2.惊蛰三候中，一候对应的是（　　　）花竞相开放。

　　A.杏　　B.牡丹　　C.桃

惊蛰吃梨已成为很多人的习惯，惊蛰时节食用冰糖雪梨汤更是非常适宜。你可以通过视频解锁冰糖雪梨汤更多的做法！让我们亲自动手为家人做一份美味的冰糖雪梨汤吧！

冰糖雪梨汤制作过程

食材准备：
雪梨2个，冰糖适量，枸杞适量，清水适量。

具体做法：
1. 雪梨洗净去皮，切小块。
2. 枸杞放清水里泡开。
3. 将雪梨放养生壶里，加入适量清水，按炖汤键煮40分钟。
4. 加入冰糖、枸杞继续煮10分钟出锅即可。

姓名		学校班级	
所需材料			
制作过程			
我的晒图			
分享与感受			

自然，是一所最伟大的学校。惊蛰时节，自然界中的虫子开始苏醒。让我们在家长的陪伴下，登上你之前选好的附近的一座山，开始今年的第三次登山旅程吧！注意对比看看这一次沿途的自然环境较立春、雨水时节有什么变化。另外可以重点观察自然中的昆虫哦！

"惊蛰"登山之大自然笔记

我选的山		登山时间	
陪同人		天气	
我的登山路线			
路途见闻（图片或文字）			
我的感受			
我发现惊蛰时节与前面节气自然环境的变化			

 科学实践

惊蛰时节，气候逐渐温暖，蛰虫出没。它们从隐蔽处出来，或破卵而出，熙熙攘攘，参与到春日热闹的景观中。

一、查阅资料

通过查阅资料，了解惊蛰时节哪些昆虫会从隐蔽处出来，了解其生活习性等，整理资料，选出自己要寻找的昆虫。

查阅的资料：

二、实地寻虫

跟随家长一起，到大自然中去实地寻虫，将找到的虫子拍照，观察它的形态，可以用照片或小视频记录下来。

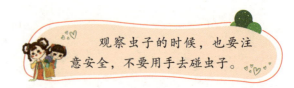

观察虫子的时候，也要注意安全，不要用手去碰虫子。

三、整理收获

制作一份科普讲解的资料，以科普人员的身份，讲一讲，惊蛰寻虫的过程，以及所发现的昆虫的习性。配上相对应的图片或者照片。

四、虫儿形态我会做

选择利用粘贴画、绘画、折纸等方式创意制作昆虫形象。

我的小制作：

第五章

课堂学习

春 分

　　春分，二十四节气中春季的第四个节气，于每年公历3月20日或3月21日交节。

　　春分的"分"有两个含义，一是"季节平分"，春分日正处于立春、立夏两个节气之中，正好平分了春季；另一含义是"昼夜平分"，在春分这天，太阳直射赤道，白天黑夜平分，各为12小时。春分的气候特点是天气温暖、阳光明媚。

　　春分节气有三候，"一候玄鸟至，二候雷乃发声，三候始电"，说的是春分节气后，天气变暖，燕子从南方飞回北方，开始衔泥筑巢。春分五日后，就会迎来多雨的天气，雷声会相伴而来。再过五日，人们时常会看到闪电凌空劈下。

春分习俗

　　春分主要有竖蛋、放风筝、送春牛、春分祭日等习俗，其中最有意思的要数"竖蛋"了。每当这一节气到了，人们便会举行竖蛋比赛，选择一个光滑匀称的鸡蛋，小心翼翼地在桌子上把它竖起来。虽然失败者颇多，但成功者也不少。竖蛋的习俗不仅是为了庆祝春天的来临，也是因为春分这天地球地轴与地球绕太阳公转的轨道平面处于一种力的相对平衡状态，有利于竖蛋。因此也有"春分到，蛋儿俏"的说法。

看来在春分日"竖蛋"这一习俗还有科学依据呢！你也可以试试哦！

春分食俗

　　在岭南一带，春分有吃春菜的风俗。春菜是一种野苋菜，当地人称之为"春碧蒿"。每到春分那天，人们喜欢在田野中搜寻春菜，采回的春菜与鱼片"滚汤"，名曰"春汤"。有顺口溜道："春汤灌脏，洗涤肝肠。阖家老少，平安健康。"

　　此外，春分这一天有的地方的农家要吃汤圆，还要把一些不包心的汤圆煮好，用细竹签串好置于室外田边地坎，名曰粘雀子嘴，免得雀子来破坏庄稼，反映了庄稼人对农业生产的期望和对美好生活的向往。

春　分

（唐）刘长卿

日月阳阴两均天，玄鸟不辞桃花寒。
从来今日竖鸡子，川上良人放纸鸢。

大意

　　春分节气这天，白天和黑夜被平分。桃花初开，天气还带着寒意，燕子们却不辞劳苦，开始陆陆续续从南方飞回来了。这天，可是竖鸡蛋的好时候，很容易把鸡蛋立起来。放眼望去，河岸边的平原上，早已有人在放风筝了。

这首诗体现了很多春分节气的物候现象和习俗，你发现了吗？

春分谚语

吃了春分饭，一天长一线。

大意
　　春分这天白天和夜晚时间相等，这天一过，白天的时间会一天比一天长。

春分有雨家家忙，先种瓜豆后插秧。

大意
　　如果春分当天下雨了，那么家家户户都会忙碌起来，先种植瓜豆，再插秧。

春分刮大风，刮到四月中。

大意
　　如果春分当天刮了大风，那么一直到四月中旬，刮风的日子都比较多。

春分传说

很久以前，炎帝看到自己的子民饥肠辘辘，没有足够的粮食，于是便向上天祈求降予五谷种子。上天派出一只全身红色的丹雀降临人间，将五谷种子送给了炎帝。种子种下后，始终没有开花，就无法结果。

炎帝便询问上天原因，上天回答说，因为太阳躲起来睡觉了，谷苗因为阳光不足而没法开花结果。炎帝问上天要怎么才能把太阳找出来？上天说，需要有一个人在春分这天，骑着五色鸟去蓬莱仙岛，便能寻回太阳。

于是，炎帝便在春分这天，骑上五色鸟去了蓬莱仙岛。当炎帝来到蓬莱岛见到太阳时，便一把抱起了太阳，骑在了鸟背上飞回了家乡。他把太阳挂在了家乡的城头上，让阳光普照在大地上，从此大地上五谷丰登，万民安乐。炎帝则被人们尊奉为太阳神。

人们为了纪念炎帝，在每年春分这天，便会祭拜太阳，以表达对炎帝的感激之情。

炎帝除了被称为"太阳神"，还被称为"农业之神"和"医药之神"。

春分农事

　　春分由于气温回升快，越冬作物进入生长阶段，需水量大，农民会加强田间管理，主要进行农作物的春灌和施肥。此外早春天气冷暖变化频繁，会出现"倒春寒"现象，做好防止冻害的准备是必不可少的。北方干旱少雨地区会进行抗御春旱的准备，南方多雨地区会及时排除田间积水。

通关检测

一、判断题

　　1.春分是春季的第二个节气。（　　　）

　　2.春分不会出现"倒春寒"。（　　　）

　　3.春分这天白天和黑夜一样长。（　　　）

二、选择题（多选）

　　1.春分的"分"含义是（　　　）。

　　A.冷热平分　　　B.昼夜平分　　　C.季节平分

　　2.春分三候指（　　　）。

　　A.玄鸟至　　　B.望春　　　C.雷乃发声　　　D.始电

 课外综合实践

 习俗实践

春分竖蛋

　　春分竖蛋这个习俗真有趣！快来和家人朋友一起比一比，看谁先把鸡蛋立起来。用文字、照片或视频把你的体验过程记录下来吧！

姓名		学校班级	
所需材料			
我的晒图			
体验感受			

自然，是一所最伟大的学校。春分时节，鸟语花香，正是亲近自然的最好时期。让我们在家长陪伴下，登上你之前选好的附近的一座山，开始今年的第四次登山旅程吧！注意对比看看这一次沿途的自然环境较立春、雨水、惊蛰时节有什么变化。另外可以重点观察自然中有哪些花开放了。

"春分"登山之大自然笔记

我选的山		登山时间	
陪同人		天气	
我的登山路线			
路途见闻（图片或文字）			
我的感受			
我发现春分时节与前面节气自然环境的变化			

第六章

清 明

　　清明，春季的第五个节气，一般在公历4月4日至6日之间波动，并不固定在某一天，但以4月5日最常见。

　　清明节气因为节令期间"气清景明、万物皆显"而得名。这个时节阳光明媚、草木萌动、百花盛开，自然界呈现一派生机勃勃的景象。

　　中国古代一些作品将清明分为三候："一候桐始华，二候田鼠化为鴽，三候虹始见。"意思是这个时节先是白桐花开放，接着喜阴的田鼠不见了，全回到了地下的洞中，然后是雨后的天空中可以见到彩虹了。

　　在二十四个节气中，既是节气又是节日的只有清明。清明节日，是人们扫墓祭祖、慎终追远的日子。

清明习俗

　　清明节有扫墓祭祖、踏青、放风筝、蚕花会、荡秋千、插柳等习俗。但经历史的发展演变，各地习俗都变得不同，而扫墓祭祖、踏青郊游是基本主题。每年清明人们都要为先人的坟墓清理杂草，让墓地变得干净整洁，同时祈祷祖先能够保佑子孙后代富贵吉祥。

　　清明时节，春回大地，万物复苏，自然界到处呈现一派生机勃勃的景象，正是郊游的大好时光，所以清明踏青也是人们必不可少的习俗。

清明食俗

　　提起清明节的吃食，那可就多了，青团、乌稔饭、子推馍、润饼菜、清明螺……但不同地方就有着不同的饮食习俗，如南京人最熟悉的清明美食就是青团了。江南的"麦浆草"，清明而生，时过难寻，所以人们到了清明就用麦浆草捣烂压汁与糯米粉拌匀和好做成青团子食用。

　　而清明吃润饼，在福建和台湾很盛行，其实"润饼"的正名还是春饼。泉州、厦门的"润饼"以面粉为原料做成薄皮，再卷胡萝卜丝、肉丝、蚵煎、香菜等菜肴，吃起来清香可口。

清明

（唐）杜牧

清明时节雨纷纷，　路上行人欲断魂。
借问酒家何处有，　牧童遥指杏花村。

大意

　　清明时节这天，细雨纷纷飘洒着，路上的行人一个个像丢了魂魄一样向前赶路。问当地的人，哪里才有避雨的酒家呢？牧童远远地指着前面的那个杏花村。

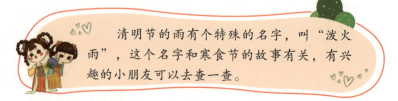

　　清明节的雨有个特殊的名字，叫"泼火雨"，这个名字和寒食节的故事有关，有兴趣的小朋友可以去查一查。

 清明谚语

清明暖，寒露寒。

大意 ────────

如果清明这天暖和的话，那么寒露就会冷了，意思是通过当前的天气判断以后的天气情况，让农民早点做准备。

雨打清明前，洼地好种田。

大意 ────────

清明节前后，因为雨水充足，洼地容易积水，所以适合种植农作物。

麦怕清明霜，谷要秋来旱。

大意 ────────

小麦生长最怕清明节前后的霜冻影响，突如其来的霜冻会导致小麦减产，需要特别注意防范倒春寒对小麦的影响。

寒食节的来历

　　传说春秋时期，晋公子重耳为逃避迫害而流亡在外，流亡途中，在一处荒无人烟的地方，又累又饿，精疲力竭。随臣们找了半天也找不到一点吃的，正在大家万分焦急的时候，介子推走到另一处，从自己的大腿上割下了一块肉，煮了一碗肉汤让公子喝了，重耳渐渐恢复了精神，当重耳发现肉是介子推自己腿上割下来的时候，十分感动。十九年后，重耳成了国君，就是晋文公。

　　上位后晋文公重重赏了当初伴随他流亡的功臣，却忘了介子推。很多人为介子推鸣不平，劝他面君讨赏，然而介子推拒绝了。他收拾好行李，带上母亲悄悄地到绵山隐居去了。晋文公听说后，十分羞愧，亲自带人去请介子推，然而绵山山高路险，树木茂密，找寻两个人十分困难。有人献计，从三面火烧绵山，留出一条通道逼出介子推。大火烧了三天三夜，却没见介子推的身影。火熄后，人们才发现介子推母子俩在一棵柳树下被烧死了。晋文公见状，十分心痛。就把他们埋葬在了柳树下，并下令把放火烧山那天定为寒食节，每到这天全国上下禁止生火，只吃冷食。后来由于寒食节这一天与二十四节气中的清明很接近，人们就把这两个日子合并了，就是清明节。

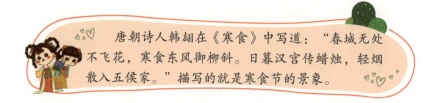

　　唐朝诗人韩翃在《寒食》中写道："春城无处不飞花，寒食东风御柳斜。日暮汉宫传蜡烛，轻烟散入五侯家。"描写的就是寒食节的景象。

　　清明节时节气温逐渐升高，雨水也逐渐增多，正值春季耕作的旺季。民间有"清明前后，种瓜点豆"的谚语。农民们会利用这个节气进行农事活动，以确保粮食收成。清明节的农事活动有很多，插田、种瓜、种豆，给秧苗、瓜苗、果树、树木等施肥，疏通田间的水沟等。

　　我们最熟悉的关于清明的农事谚语可能就是那句"清明前后，种瓜点豆"了吧！

通关检测

一、填空题

　　1.清明有哪些习俗呢？

_____

_____

　　2.清明节的美食有哪些？

_____

_____

　　3.请写两句与清明有关的诗词或谚语。

_____

_____

课外综合实践

习俗实践

都江堰清明放水节

都江堰放水节，属于国家级非物质文化遗产。每年在农历二十四节气的"清明"这一天，为庆祝都江堰水利工程岁修竣工，迎接春耕生产大忙季节的到来并赐福，同时也为了纪念李冰，民间举行的庆典活动。

深入了解都江堰清明放水节，并完成以下任务：

任务一：如果有机会实地考察，请把都江堰放水节的宏伟场面记录下来。（可用文字、图片、视频的方式记录）

任务二：通过上网搜索、查阅图书、询问他人等方法，了解都江堰水利工程的由来、历史、作用、架构等相关知识，请你当一当小小讲解员，把都江堰水利工程相关的知识讲给老师和同学听一听。

任务三：都江堰水利工程现存至今依旧在灌溉田畴，是造福人民的伟大水利工程。其以年代久、无坝引水为特征，是世界水利文化的鼻祖。请你和同学合作，动手制作一个都江堰水利工程的模型，也可以画一画都江堰水利工程示意图。

我的作品图片

 自然实践

　　自然，是一所最伟大的学校。清明时节，空山新雨，正是亲近自然的最好时期。让我们在家长的陪伴下，登上你之前选好的附近的一座山，开始今年的第五次登山旅程吧！注意对比看看这一次沿途的自然环境较立春、雨水、惊蛰、春分时节有什么变化。另外可以重点观察自然中有哪些花开放了！

"清明"登山之大自然笔记

我选的山		登山时间	
陪同人		天气	
我的登山路线			
路途见闻（图片或文字）			
我的感受			
我发现清明时节与前面节气自然环境的变化			

第七章

谷 雨

　　谷雨是二十四节气的第六个节气，也是春季最后一个节气，于每年公历4月19－21日交节。

　　谷雨源自古人"雨生百谷"之说。谷雨节气的到来意味着寒冷天气基本结束，此时降水明显增加，同时也是播种移苗、种瓜种豆的最佳时节。

　　谷雨分为三候："一候萍始生，二候鸣鸠拂其羽，三候为戴胜降于桑。"即谷雨后降雨量增多，浮萍开始生长，接着布谷鸟便开始提醒人们播种了，然后是桑树上开始见到戴胜鸟。

谷雨节气主要有赏牡丹、祭海、祭仓颉等习俗。

谷雨前后是牡丹花开的重要时段，因此，牡丹花也被称为"谷雨花"。"谷雨三朝看牡丹"，谷雨时节赏牡丹的习俗已绵延千年。

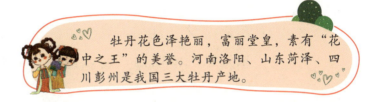

牡丹花色泽艳丽，富丽堂皇，素有"花中之王"的美誉。河南洛阳、山东菏泽、四川彭州是我国三大牡丹产地。

谷雨食俗

谷雨节气有制谷雨茶的习俗。谷雨茶一般是指谷雨这天采的鲜茶叶制成的茶叶，而且要上午采的。谷雨茶色泽翠绿，叶质柔软，富含多种维生素和氨基酸，香气宜人。传说谷雨这天的茶喝了会清火、辟邪、明目等。

春天除了谷雨茶还有明前茶，明前茶是清明节前采制的茶叶，因受虫害侵扰少，芽叶细嫩，色翠香幽，是茶中佳品。

见二十弟倡和花字漫兴

（北宋）黄庭坚

落絮游丝三月候，风吹雨洗一城花。

未知东郭清明酒，何以西窗谷雨茶。

大意

柳絮纷飞，蛛丝游动，正值暮春三月，风吹雨洗使得满城落花。不知道在东城外共饮清明酒，比起坐在西窗下面共饮谷雨茶怎么样。

黄庭坚，北宋著名文学家、书法家，与张耒、晁补之、秦观都游学于苏轼门下，合称为"苏门四学士"。生前与苏轼齐名，世称"苏黄"。黄庭坚书法亦能独树一帜，为"宋四家"之一。

 谷雨谚语

谷雨天，忙种烟。

 大意

谷雨节气一到，农民们就要开始忙着种黄烟了。

过了谷雨种花生。

大意

在谷雨节气之后，农民们会开始种植花生。

清明麻，谷雨花，立夏栽稻点芝麻。

大意

清明节可以播种小麻，谷雨节可以种花生；立夏时节可以播种豆子和芝麻。小麻、花生、豆子和芝麻，都是农作物中的油料作物。

谷雨节气的来历

据《淮南子》记载，仓颉造字成功后，惊天动地。黄帝于春末夏初颁布诏令，宣布仓颉造字成功，并号召天下臣民共同学习。据说这一天，天空中落下无数的谷米，众人大喜，认为是上天的恩赐。

后来，人们就把这天定名为"谷雨"。仓颉死后，人们把他安葬在他的家乡——白水县史官镇北，墓门刻了一副对联："雨粟当年感天帝；同文永世配桥陵。"直到今天，每逢谷雨节这天，白水县史官镇一带仍旧举行祭拜仓颉的庙会。

谷雨农事

　　谷雨将谷和雨联系起来，蕴涵着"雨生百谷"之意，反映了"谷雨"的农业气候意义。谷雨时节正是水稻育秧、甘薯育苗的时候，此外，冬小麦开始抽穗扬花，春播作物玉米、棉花幼苗开始生长，所以需要充沛的雨水来促进这些农作物的发育生长。其次，还要加强麦田的管理，防止湿害，防治病虫害。

　　有机会观察一下小麦的花是什么样子，什么颜色的。如果无法观察，你猜一猜麦花是什么颜色的，古诗里告诉过我们哦！

通关检测

一、判断题

　　下面是谷雨自然景象的画勾。

　　杨花落尽　（　　　）

　　柳絮飞落　（　　　）

　　牡丹吐蕊　（　　　）

　　樱桃红熟　（　　　）

课外综合实践

食俗实践

谷雨制茶

活动目标：

　　1.了解谷雨茶文化，提升学生对茶文化的理解。

　　2.了解本地茶文化，体验采摘、制茶乐趣，提高学生动手能力和实践能力。

活动一：调研本地名茶

　　了解本土名茶的地域范围、自然生态环境和人文历史。将你收集到的资料归纳总结。

活动二：谷雨采茶

　　谷雨茶，是谷雨时节采制的春茶（谷雨前采制的新茶叫"雨前茶"），又叫二春茶。谷雨时节，是新茶采收的时节。如果有机会可以寻找附近的茶园，谷雨节气期间亲自去采谷雨茶。

姓名		学校班级	
采茶过程			
采茶照片			

活动三： 谷雨品茶

　　准备谷雨春茶、茶具、温水壶。

　　1.温一壶热水，用热水浇淋一遍茶具。

　　2.将茶叶倒入碗中，加入热水冲泡。

　　3.倒掉水，将茶叶放置一会儿，接着注水冲泡茶叶。

　　4.等待片刻后饮用即可。

以上步骤注意安全，可以和家长一起完成。

姓名		班级		茶名	
所需材料					
制作过程					
我的晒图					
分享与 感受					

 **自然实践**

　　自然，是一所最伟大的学校。谷雨时节，空山新雨，正是亲近自然的最好时期。让我们在家长的陪伴下，登上你之前选好的附近的一座山，开始今年的第六次登山旅程吧！注意对比看看这一次沿途的自然环境较立春、雨水、惊蛰、春分、清明时节有什么变化。另外可以重点观察自然中有哪些花开放了！

"谷雨"登山之大自然笔记

我选的山		登山时间	
陪同人		天气	
我的登山路线			
路途见闻（图片或文字）			
我的感受			
我发现谷雨时节与前面节气自然环境的变化			

第八章

立 夏

立夏，是二十四节气的第七个节气，夏季的第一个节气，于每年公历5月5—7日交节。

立夏是标示万物进入旺季生长的一个重要节气。时至立夏，万物繁茂。

立夏三候："一候蝼蝈鸣，二候蚯蚓出，三候王瓜生。"说的是在这一节气中首先可听到蛙在田间鸣叫，接着又可以看到蚯蚓掘土，然后王瓜的蔓藤开始快速攀爬生长。

立夏习俗

　　立夏主要有迎夏、挂蛋、斗蛋、称体重、做夏等习俗。在古代，我国作为农耕社会非常重视立夏这一节气。每到立夏这日，无论君臣都要穿一身朱色的礼服，并配上同色的玉佩、马匹、车旗，在皇帝率领下来到京城的南郊，举办迎夏仪式，表达对丰收的祈求和期望，仪式结束后就会指派众多官员赶往各地勉励农民们抓紧耕作，用努力和劳动换一个丰收年，百姓们也能吃饱穿暖。

立夏称体重的习俗由来已久，你知道这一习俗是怎么来的吗？

立夏食俗

　　每逢立夏，在部分地区家家户户都会做上一锅"立夏饭"，算是立夏的一种食俗，传统的立夏饭会选用红豆、绿豆、黄豆、黑豆和青豆，这五种颜色的豆子和大米混在一起上锅蒸熟后食用。立夏饭也被称为"五色饭"，后来的人们会加入笋子、豌豆、蚕豆、胡萝卜、腊肉或腊肠等食材来代替五种颜色的豆子做立夏饭，营养丰富，咸香味美。

立夏时节，人们特别重视吃，除了吃立夏饭，还会吃立夏蛋、吃乌笋、喝粥、尝新、食面食、喝茶等。

立 夏

（宋）陆　游

赤帜插城扉，　东君整驾归。

泥新巢燕闹，　花尽蜜蜂稀。

槐柳阴初密，　帘栊暑尚微。

日斜汤沐罢，　熟练试单衣。

大意

　　红旗插满城内的窗扉迎接赤帝，太阳神准备驾车携着青帝归去。泥巴还是新的，燕子巢中欢闹；百花已经开尽，蜜蜂却很稀少。槐树和柳树，绿荫渐渐浓密；窗帘和窗牖，暑气依旧轻微。太阳西斜，洗个畅快惬意的澡后，熟练地试穿起夏天的衣裳。

　　泥新巢燕闹，写得多么生动有趣呀！小朋友快去找一找，看看房前屋后是否有新燕，一起体会小鸟的快乐吧！

 **立夏谚语**

立夏刮阵风，小麦一场空。

大意

　　立夏这天刮起了大风，那小麦的收获就会受到影响，到时候麦子可能就会减产。为何刮风麦子就减产了呢？其实这里面还是有一定说法的。

　　立夏时冬小麦就会进入扬花授粉期，此时一旦风随意吹动，那就会影响麦子的授粉问题，从而造成减产现象。当然，北方因天气干旱少雨，再加上5月份气温高，也容易出现热感风，以至于小麦减产严重。

立夏不下，高挂犁耙。

大意

　　立夏日前后是农作物的生长关键期，天气如何对作物收成影响很大。不过这个俗语是针对南方地区，说的是如果立夏这天不下雨，那就影响水稻的种植，因干旱原因土壤比较坚硬，此时农民很难继续耕作，犁耙也会高高挂起。

立夏"称人"

　　立夏这一天，吃了午饭还有称人的习俗。这一习俗民间传说与诸葛亮、孟获和刘阿斗有关。据说孟获被诸葛亮收服，归顺蜀国之后，对诸葛亮言听计从。诸葛亮生前嘱托孟获每年要来看望蜀主一次。诸葛亮嘱咐之日，正好是这年立夏，孟获当即去看望了阿斗。从此以后，每年立夏日，孟获都依诺来蜀拜望。

　　过了数年，晋武帝司马炎灭掉蜀国，掳走阿斗。而孟获不忘丞相嘱托，每年立夏带兵去洛阳看望阿斗，每次去则都要称一称阿斗的重量，以验证阿斗是否被晋武帝亏待。他扬言如果亏待阿斗，就要起兵反晋。晋武帝为了迁就孟获，就在每年立夏这天，用糯米加豌豆煮成午饭给阿斗吃。阿斗见豌豆糯米饭又糯又香，就加倍吃下。孟获进城称人，每次都比上年重几斤。阿斗虽然没有什么本领，但有孟获立夏称人之举，晋武帝也不敢欺侮他，日子也过得清静安乐，最后得以善终。

　　这一传说，虽与史实有差异，但也是百姓希望的"清静安乐，福寿双全"的太平世界。立夏称人会给阿斗带来福气，人们也祈求上苍给他们带来好运。

立夏饭既好看，又有营养，咸香美味。小朋友们可以在立夏这天尝一尝！

立夏农事

"多插立夏秧，谷子收满仓"，立夏前后正是大江南北早稻插秧的火红季节。

立夏时节，茶树的春梢发育最快，稍有疏忽，茶叶就会老化，正所谓"谷雨很少摘，立夏摘不辍"，这时要集中全力，分批突击采制。

通关检测

一、判断题

1.公历5月5—7日交节。（　　）

2.立夏最显著的特点就是万物生长旺盛。（　　）

3.立夏标志着进入夏天。（　　）

二、填空题

1.立夏三候指（　　）（　　）（　　）。

2.立夏习俗有（　　）（　　）（　　）（　　）等。

3.我还知道的有关立夏诗句：＿＿＿＿＿＿＿＿＿＿＿＿

＿＿＿＿＿＿＿＿＿＿＿＿＿＿＿＿＿＿＿＿＿＿＿＿

课外综合实践

农事实践

　　南方立夏时节农民忙着插秧和采茶。北方立夏时节杂草生长很快，要及时锄草。

　　同学们，请调查一下你所在城市立夏时节的农事，找一项体验一下吧！

姓名		时间	
地点			
农活名称			
所需材料			
我的晒图			
我的感受			

 习俗实践

　　立夏的习俗特别多，我们可以选择其中的立夏称人的习俗体验一下。在立夏这一天，给全家人称个体重并记录下来，夏天结束后，再称一次，看看大家的体重有什么变化！

家庭成员	立夏体重	立秋体重	变化情况	变化原因

自然实践

　　自然，是一所最伟大的学校。立夏时节，阳光充沛，万物进入旺季生长期，绿树成荫，正是亲近自然的好时期。让我们在家长的陪伴下，登上你之前选好的附近的一座山，开始今年的第七次登山旅程吧！注意对比看看这一次沿途的自然环境较春天时节有什么变化。另外可以重点观察自然中有哪些花凋谢了，哪些结果了，果子是什么样的。

"立夏"登山之大自然笔记

我选的山		登山时间	
陪同人		天气	
我的登山路线			
路途见闻（图片或文字）			
我的感受			
我发现立夏时节与前面节气自然环境的变化			

第九章

小 满

　　小满是二十四节气中的第八个节气，夏季的第二个节气，每年5月20日到22日之间交节。

　　这个节气期间，夏熟作物的籽粒开始灌浆饱满，但还未成熟。这是个直接反映降水的节气，它的到来意味着雨水开始增多。

　　小满分为三候："一候苦菜秀，二候靡草死，三候麦秋至。"其意是说在小满节气中，苦菜已经长得很肥大了，一些喜阴的草类在强烈的阳光下开始枯死，这时麦子开始成熟。

小满习俗

小满的习俗主要和农业生产有关，主要有祈蚕、祭车神、抢水等习俗。

其中抢水是与祭车神相关的农事习俗，由年长执事者召集各户举行。黎明时，大家燃起火把，先在河堤上吃麦糕、麦饼等，等执事者敲响锣鼓，大家便一齐踏上河里事先装好的水车，把河水引入田中。抢水的目的是蓄水，是为缓解旱情做准备的。

小满食俗

中国民间有小满"吃苦菜"的说法，苦菜是中国人最早食用的野菜之一，具有安心益气、轻身耐老的作用。同时，这个习俗也是为了提醒人们要珍惜粮食。

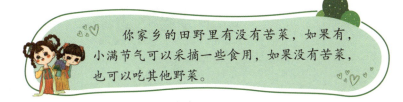

你家乡的田野里有没有苦菜，如果有，小满节气可以采摘一些食用，如果没有苦菜，也可以吃其他野菜。

小 满

（元）元 淮

子规声里雨如烟， 润逼红绡透客毡。
映水黄梅多半老， 邻家蚕熟麦秋天。

大意

  如烟的细雨里传来了杜鹃鸟的声声啼鸣，潮湿的气候简直要浸透人们的衣物。梅子黄了大半，倒映在水中，邻居家的桑蚕已熟，小麦也要收割了。

  宋朝的翁卷也曾写过"绿遍山原白满川，子规声里雨如烟"，看来杜鹃鸟喜欢在细雨中鸣叫。

小满谚语

小满割不得，芒种割不及。

大意

小满期间，小麦还没有成熟，不能收割，而到了芒种，小麦已完全成熟，收割的时间就比较紧迫了。

这句谚语蕴含的道理是做任何事，只有在适当的时间才能让事情获得圆满的结果

小满十八天，不熟自干。

大意

小满过后十八天，麦子已经成熟了，可以收割。如果认为小麦还没有熟透，再等等，其实小麦已经干死了。

大麦上场小麦黄，豌豆在地泪汪汪。

大意

大麦已经收割，小麦也开始泛黄，饱满的豌豆籽圆溜溜的，形状有点像大滴的眼泪。

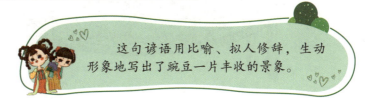

这句谚语用比喻、拟人修辞，生动形象地写出了豌豆一片丰收的景象。

嫘祖养蚕

相传小满为蚕神诞辰，因此江浙一带在小满期间会举行祈蚕节，祈求有个好的收成。

传说蚕神是嫘祖。嫘祖是黄帝的妻子，负责做衣冠。为了寻找更好的材料，嫘祖跑遍了山川河流，最后在一片桑树林里发现满树结着白色的小果，采摘下来后，尝了尝没有什么味道，咬一咬，还咬不烂，最后决定放在锅里煮。在用棍子搅拌这些煮的白果子时，大家发现有细丝缠绕在棍子上，不知道是什么，就拿给嫘祖看，嫘祖觉得这种细丝可以织成衣物。随后，嫘祖亲自带领妇女上山观察，才弄清这种白色小果是一种虫子口吐细丝绕织而成。

自此，在嫘祖的倡导下，开始了栽桑养蚕的历史。世人为了纪念嫘祖，就将她尊为"先蚕娘娘"。

小满农事

　　中国南方地区的农田多以水田为主，主要粮食作物为水稻，所以小满是插秧的时日，"插小满秧"可以保证收获季节开镰割稻。中国北方地区农田多以旱地为主，粮食作物以种植小麦为主，因此，小满后北方冬小麦已经进入产量形成的关键阶段，应加强后期肥水管理，防止根、叶早衰。

通关检测

一、填空题

　　1.惊蛰乌鸦叫，（　　　　　　　）。

　　2.（　　　　　　　），院里石榴妍。

二、选择题（多选）

　　1.小满三候指（　　）。

　　A.苦菜秀　　B.靡草死　　C.麦秋至　　D.菜花开

　　2.小满有（　　）习俗。

　　A.祈蚕节　　B.喝羊肉汤　　C.抢水　　D.祭车神

我国农耕文化以"男耕女织"为典型。俗话说"要织罗绮，必先养蚕"。小满时节，桑叶正是茂盛的时候，也是养蚕的好时节。我们可以尝试养一养蚕，每五天记录一次蚕的变化。

蚕宝成长记

姓名		学校班级		
时间	照片或简笔画	睡觉 （形状、动作）	吃桑叶 （动词、声音）	吐丝（有无， 有就记录动词）

农事实践

小满的"满"不仅单指雨水之盈，还指小麦的饱满程度。这个节气来临之际，有条件的话，可以选择同一个地方的同一枝麦穗拍照，记录下它的变化（每7天一次，连续三次）。

小满时节的麦穗成长记录

姓名		学校班级	
时间	麦穗图片或照片	我的观察日记	
第一次 （　　）			
第二次 （　　）			
第三次 （　　）			

自然实践

　　自然，是一所最伟大的学校。小满时节，气温逐渐升高，正是亲近自然的最好时期。让我们在家长的陪伴下，登上你之前选好的附近的一座山，开始今年的第八次登山旅程吧！注意对比看看这一次沿途的自然环境较立夏时节有什么变化。另外可以重点观察田野里庄稼现在的生长情况！

"小满"登山之大自然笔记

我选的山		登山时间	
陪同人		天气	
我的登山路线			
路途见闻（图片或文字）			
我的感受			
我发现小满时节与前面节气自然环境的变化			

第十章

芒 种

芒种，是一年中第九个节气，夏季的第三个节气，于每年公历6月5—7日交节。

芒种含义是"有芒之谷类作物可种，过此即失效"。这个时节，正是南方种稻与北方收麦之时。这个时节气温显著升高、雨量充沛、空气湿度大，适宜晚稻等谷类作物种植。农事耕种以芒种节气为界，过此之后种植成活率就会越来越低。

芒种三候为"一候螳螂生，二候鵙始鸣，三候反舌无声"，意思是在芒种节气时，螳螂卵因气温变暖而破壳生出小螳螂；喜阴的伯劳鸟开始在枝头出现，并且感阴而鸣；而反舌鸟，却因感应到了气候的变化，慢慢停止了鸣叫。

芒种节气在农耕上有着相当重要的意义。民谚"芒种不种，再种无用"讲的就是这个道理。芒种是一个耕种忙碌的节气，民间也称其为"忙种"

 **芒种习俗**

芒种习俗有很多，比如送花神、打泥巴仗、安苗等。农历二月二花朝节上迎花神。芒种已近五月间，百花开始凋残、零落，民间多在芒种日举行祭祀花神仪式，饯送花神归位，同时表达对花神的感激之情，盼望来年再次相会。

《红楼梦》第二十七回写到："那些女孩子们，或用花瓣柳枝编成轿马的，或用绵锦纱罗叠成干旄旌幢的，都用彩线系了。每一棵树上，每一朵花上，都系了这些物事。满园里绣带飘飘，花枝招展。"

芒种食俗

梅子是我国上古生活的重要调味品。梅子，亦可日常食用。在南方，每年五、六月是梅子成熟的季节，青梅含有多种天然优质有机酸和丰富的矿物质。但是，新鲜梅子大多味道酸涩，难以直接入口，需加工后方可食用，这种加工过程便是煮梅。

苏东坡《赠岭上梅》："不趁青梅尝煮酒，要看细雨熟黄梅。"说明在宋代，青梅、煮酒还是两种相伴的时令风物，其中"煮酒"系酒类通称，而青梅在其间充当的是"下酒菜"角色。后世，才逐渐出现另一种"青梅煮酒"，即将青梅投入黄酒，以文火微温，继而饮之。

时雨（节选）

（宋）陆　游

时雨及芒种，　四野皆插秧。

家家麦饭美，　处处菱歌长。

大意

到了芒种这个节气，雨很应时地下了起来，人们在田地里忙着插秧。家家户户吃着香喷喷的麦饭，田野四处飘荡着悠扬的菱歌。

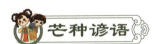芒种谚语

芒种日晴热，夏天多大水。

大意

芒种这天，天气晴朗炎热，那么大概率这个夏天的雨水较多。

芒种雨涟涟，夏至要旱田。

大意

如果芒种这天下雨，多半说明之后的温度都较高，比较缺水，庄稼得不到雨水的滋润，很可能会影响这年的收成。

芒种端午前，处处有荒田。

大意

如果芒种这一节气位于端午节之前，田地里的粮食已经被收割完毕，但是下一波的粮食还没来得及种上，由于雨水比较充沛，但是田地却暂时闲置，所以田地里会长满各种杂草，称为"荒田"。

芒种

　　从前有一个年轻人叫黎明。他出生在一个非常贫困的家庭中，但他从不抱怨，反而非常勤奋。

　　有一年，芒种时节来临得比往年晚。黎明的父母担心今年的粮食收成会受到影响。就在芒种前一天，天空却突然变得阴沉起来，风暴也随之而来。田野里即将收获的庄稼被暴风雨摧毁。

　　第二天，正是芒种节气，黎明来到田里，看到被摧毁的庄稼，内心十分绝望。

　　但是，就在黎明准备离开田地时，他瞥见一株小麦苗从泥泞的土地中挣扎着长出来，这个小小的生命，是那样的娇嫩，面对狂风暴雨的摧残，它依然顽强地生长着。看到这一切，黎明心中顿悟：在人生的道路上怎么会没有挫折和困难呢？但只要坚持努力，最终会有好的收获。

　　这个小故事告诉我们，芒种代表着夏季的到来和收获的季节，也象征着希望和勇气。即使遇到困难和挫折，我们也要坚持不懈地努力，相信自己总会迎来好的结果。

 芒种农事

芒种的含义是"有芒之谷类作物可种，过此即失效"。因此亦有对芒种的含义解释为"有芒的麦子快收，有芒的稻子可种"。

水稻种植一般是在以水田为主的南方地区。在农业生产上，必须抓紧时间，抢种大春作物，及时移栽水稻。

北方地区是旱地农业，粮食作物以种植小麦为主。对于北方地区而言，芒种是麦子成熟的时节。

 通关检测

一、选择题

1. 芒种是二十四节气中第几个节气，是夏季的第几个节气？（   ）

A. 七，三　　B. 八，四　　C. 九，三

2. 芒种有（   ）习俗。（多选）

A. 吃君踏菜　　B. 喝羊肉汤　　C. 煮梅　　D. 安苗

二、芒种节气有许多诗词和谚语，连一连

芒种不种，　　　　　　　　　　如若无雨是旱天。

芒种夏至是水节，　　　　　　　再种无用。

芒种忙忙割，　　　　　　　　　四野皆插秧。

时雨及芒种，　　　　　　　　　农家乐启镰。

课外综合实践

农事实践

　　民间把芒种称为"忙种"，农谚云"芒种忙，忙着种"。说明到了这个时节，已是农业耕种最忙的季节。芒种时节，农民伯伯种下的秧苗又会有什么变化呢？有条件的话，可以选择同一个地方的秧苗拍照，记录下它们的变化（每7天一次，连续三次）。

芒种时节的秧苗成长记录

姓名		学校班级	
时间	秧苗图片或照片		我的观察日记
第一次（　　）			
第二次（　　）			
第三次（　　）			

 自然实践

　　自然，是一所最伟大的学校。芒种时节，大地一片忙碌的景象。让我们在家长的陪伴下，登上你之前选好的附近的一座山，开始今年的第九次登山旅程吧！注意对比看看这一次沿途的自然环境较小满时节有什么变化。另外可以重点观察田野里哪些庄稼收获了，又有哪些庄稼种下了地。

"芒种"登山之大自然笔记

我选的山		登山时间	
陪同人		天气	
我的登山路线			
路途见闻（图片或文字）			
我的感受			
我发现芒种时节与前面节气自然环境的变化			

第十一章

夏 至

夏至，是二十四节气的第十个节气，夏季的第四个节气，在每年公历6月20日到22日交节。

夏至这天，太阳直射地面的位置到达一年的最北端，此时北半球各地的白昼时间达到全年最长，夜晚时间全年最短。夏至后的天气特点是气温高、湿度大，不时出现雷阵雨。

夏至三候为"一候鹿角解，二候蝉始鸣，三候半夏生"，意思是鹿角开始脱落。雄性的知了在夏至后因感阴气之生便鼓翼而鸣。半夏是一种喜阴的药草，因在仲夏的沼泽地或水田中生长而得名，此时夏天已经过半，故称"半夏"。

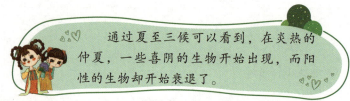

通过夏至三候可以看到，在炎热的仲夏，一些喜阴的生物开始出现，而阳性的生物却开始衰退了。

夏至是"四时八节"之一，民间自古以来有在此时庆祝丰收、祭祀祖先之俗，以祈求消灾年丰。

古代农耕社会的人们在安居乐业之余择日拜神祭祖便有了各种定期节日，拜神祭祖丰盛祭贡品发展出节日宴饮活动，也渐渐形成一些约定俗成的庆祝方式，即所谓节庆民俗。

还记得"四时八节"指的是什么吗？四时：指春夏秋冬四季；八节：指立春、春分、立夏、夏至、立秋、秋分、立冬、冬至八个节气。

夏至吃面是很多地区的重要习俗，中国一些地方也有"冬至饺子夏至面"的说法。因夏至新麦已经登场，所以夏至吃面也有尝新的意思。

夏至这天，无锡人早晨吃麦粥，中午吃馄饨，取混沌和合之意。有谚语说："夏至馄饨冬至团，四季安康人团圆。"吃过馄饨，为孩童称体重，希望孩童体重增加更健康。

夏　至

长卿

夜半惊岚偃旗旌，　朝闻远鸦方初醒。

狸奴几下偷翻书，　何时听得螳蜩鸣？

大意

夏至的雨，下得勤，下得急。隔窗而立，聆听雨滴敲打树叶的声音，仿佛也在敲打着心灵，奏起一曲夏日的歌。

这里的"长卿"是指西汉文学家司马相如的字。你知道吗？司马相如的小名叫"犬子"，后来人们仰慕司马相如的才华，称自己的儿子为"犬子"。

夏至谚语

不到冬至不寒，不到夏至不热。

大意

不到冬至的时候天气还不是最寒冷的时候，而不到夏至的时候天不会真正地热。

夏至一场雨，一滴值千金。

大意

夏至时节气温高、光照充足，农作物生长的速度很快。需水量比较大，此时下雨非常有利于农作物生长。

日长长到夏至，日短短到冬至。

大意

一天白昼时间最长的是在夏至节气，而最短的则是在冬至节气。

夏至前后，淮河以南早稻抽穗扬花，田间水分管理上要足水抽穗，湿润灌浆，干干湿湿，既满足水稻结实对水分的需要，又能透气养根，保证活熟到老，提高籽粒重。

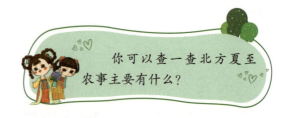

你可以查一查北方夏至农事主要有什么？

一、选择题

下面属于夏至三候的是（　　　）。（多选）

A.鹿角解　　B.蝉始鸣　　C.半夏生　　D.麦秋至

二、填空题

春分秋分，昼夜（　　）。夏至（　　）最长，（　　）最短。冬至（　　）最长，（　　）最短。

课外综合实践

食俗实践

　　夏至后进入炎热天气，炎热季节饮食应清淡为宜，早晚喝点粥，可以生津止渴，补养身体。因苦味食物具有除燥祛湿、清凉解暑、促进食欲等作用，可以在粥里加上一些莲子、百合等。

　　粥的品种非常多，你可以通过视频了解更多粥的做法，然后选择一种你最感兴趣的粥，亲手做一做吧！

姓名		班级		粥名	
所需材料					
制作过程					
我的晒图					
分享与感受					

 自然实践

　　自然，是一所最伟大的学校。夏至时节，大地一片生机勃勃，天气逐渐炎热，山野正是消夏的好去处。让我们在家长的陪伴下，登上你之前选好的附近的一座山，开始今年的第十次登山旅程吧！注意对比看看这一次沿途的自然环境较芒种时节有什么变化。另外可以重点观察自然中有哪些果子已经开始成熟了！

"夏至"登山之大自然笔记

我选的山		登山时间	
陪同人		天气	
我的登山路线			
路途见闻（图片或文字）			
我的感受			
我发现夏至时节与前面节气自然环境的变化			

　　在夏至这天，太阳几乎直射北回归线，正午时分呈绝对（接近）直射状，在北回归线附近的地区会出现"立竿无影"奇景。如果你恰好在北回归线附近，也可以做一做"立竿无影"的实验哦！

第十二章

小 暑

　　小暑，为二十四节气之第十一个节气，夏天的第五个节气，于每年公历7月6—8日交节。

　　小暑虽不是一年中最炎热的时节，但紧接着就是一年中最热的节气大暑，民间有"小暑大暑，上蒸下煮"之说。

　　中国古代将小暑分为三候，"一候温风至，二候蟋蟀居宇，三候鹰始鸷"。说的是小暑时节大地上便不再有一丝凉风，而是所有的风中都带着热浪；由于炎热，蟋蟀离开了田野，到庭院的墙角下以避暑热；在这一节气中，老鹰因地面气温太高而在清凉的高空中活动。

小暑习俗

　　小暑主要有晒书画、晒衣服等习俗。民谚有云："六月六，人晒衣裳龙晒袍。""六月六，家家晒红绿。""红绿"就是指五颜六色的各样衣服。农历六月初六这一天，是一年中气温最高、日照时间最长、阳光辐射最强的一天，所以家家户户多会不约而同选择这一天"晒伏"，把存放在箱柜里的衣服晾到外面接受阳光的暴晒，以去潮，去湿，防霉防蛀。

　　小朋友们，既然"六月六"是一年中日照时间最长、阳光辐射最强的日子，我们也学学古人把存放在柜子里的衣服拿出来晒一晒吧！

小暑食俗

　　中国南方民间有小暑"食新"的习俗，食新是将新打的米、麦等磨成粉，制成各种面饼、面条，邻居乡亲分享来吃，表达对丰收的祈愿，同时也要准备一份祭祀祖先，恳请保佑风调雨顺。

　　在中国北方地区有"头伏饺子二伏面，三伏烙饼摊鸡蛋"的说法。进入最热的三伏天，人们食欲不振，往往比常日消瘦，俗谓之苦夏。而饺子在传统习俗里正是开胃解馋的食物，所以在北方地区有头伏吃饺子的传统。

小暑六月节

（唐）元　稹

倏忽温风至，　因循小暑来。

竹喧先觉雨，　山暗已闻雷。

户牖深青霭，　阶庭长绿苔。

鹰鹯新习学，　蟋蟀莫相催。

大意

　　忽然之间阵阵热浪排山倒海般袭来，原来是循着小暑的节气而来。竹子的喧哗声已经表明大雨即将来临，山色灰暗仿佛已经听到了隆隆的雷声。这一场场降雨，门窗上已有潮湿的青霭，院落里长满了小绿苔。鹰感肃杀之气将至，开始练习搏击长空，蟋蟀羽翼也开始长成。

小暑谚语

小暑打雷，大暑破圩。

大意

小暑这一天如果打雷，大暑时必定有大水冲决堤坝，涨大水。

在今年小暑这一天，你一定要留意当天的天气，看看是不是像谚语中说的一样。

小暑惊东风，大暑惊红霞。

大意

小暑吹东风，大暑傍晚红霞满天，这都是台风来临的征兆。

小暑小禾黄。

大意

小暑时节，天气炎热，田里的小禾苗都被晒黄了。

郝隆晒书

　　《世说新语》记载着这样一个故事："郝隆七月七日出日中仰卧。人问其故，答曰：'我晒书。'"原来，每年的七月七日这一天，当地有晒书、晒衣的风俗。有的人把各种皮裘锦被放在阳光之下，以显示家庭的富有。也有人把家里的书籍拿出来晒，显示自己的学识渊博。

　　家贫的郝隆生性狂傲，自诩才高八斗，学富五车，当别人暴晒书籍、衣物时，他却躺在院子里敞开衣服晒自己的肚皮。他用另一种"晒书"的方式来夸耀自己腹中的才学——你们晒衣裳，我就晒肚皮。晒肚皮者，即是晒书也。后人用"袒腹晒书"的典故来形容富有学问。

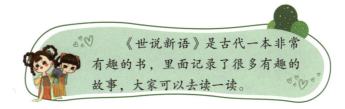

　　《世说新语》是古代一本非常有趣的书，里面记录了很多有趣的故事，大家可以去读一读。

小暑前后，除东北与西北地区收割冬、春小麦等作物外，农业生产上主要是忙着田间管理了。早稻处于灌浆后期，中稻已拔节。

小暑节气，棉花已经开始开花结铃，生长最为旺盛，自古民间就有"尽管小暑天气热，棉花整枝不能歇"的农谚。

一、填空题

1.小暑是24节气中第（　　　）个节气。

2.我了解到了，小暑到来时的习俗有（　　　　）（　　　　）（　　　　）等。

二、选择题（多选）

1.小暑三候指（　　　）。

A.一候温风至　　B.二候蟋蟀居宇　　C.三候鹰始鸷

2.小暑时可以吃（　　　）。

A.藕　　B.春饼　　C.梨

课外综合实践

习俗实践

　　小朋友们，既然"六月六"是一年中日照时间最长、阳光辐射最强的日子，我们也学学古人在这一天把存放在家里柜子里的衣服棉被都拿出来晒一晒吧！记得拍照记录你家和周围邻居晒衣服的盛况。

食俗实践

　　自古以来在民间素有小暑吃藕的习俗，藕中含有大量的碳水化合物、丰富的钙磷铁等及多种维生素，钾和膳食纤维比较多，具有清热养血除烦等功效，适合夏天食用。藕的功效那么多，我们在夏天做一份凉拌藕片来吃吃吧！

凉拌藕片制作

　　食材准备：藕一节、指天椒、白米醋、盐、白糖、泡椒、菜籽油等。

具体做法：

1.莲藕刨皮洗净，切成薄片，小米椒切碎。

2.藕片开水下锅煮半分钟，捞起。

3.取适量白米醋、盐、白糖拌匀，加入小米椒。

4.取净锅烧热，加入适量菜籽油烧热，把热油浇在小米椒上面滋一下。

5.倒入藕片里搅拌均匀，摆盘。

我们了解了"凉拌藕片"的制作，其实不同地域凉拌藕片的制作方法各不相同，你可以通过视频了解更多凉拌藕片的做法，然后选择一种你最感兴趣的，亲手做一做吧！

姓名		班级		菜名	
所需材料					
制作过程					
我的晒图					
分享与评价					

自然实践

　　自然，是一所最伟大的学校。小暑时节，天气炎热，山林正是清凉的去处。让我们在家长的陪伴下，登上你之前选好的附近的一座山，开始今年的第十一次登山旅程吧！注意对比看看这一次沿途的自然环境较立夏时节有什么变化。另外可以重点观察自然中哪些植物长得更茂盛。

"小暑"登山之大自然笔记

我选的山		登山时间	
陪同人		天气	
我的登山路线			
路途见闻（图片或文字）			
我的感受			
我发现小暑时节与前面节气自然环境的变化			

第十三章

大　暑

　　大暑，是二十四节气中的第十二个节气，也是夏季最后一个节气，一般于公历7月22—24日交节。

　　大暑相对小暑，更加炎热，标志着夏季的高温进入最后一个阶段。大暑是一年中阳光最猛烈、最炎热的节气，干燥高温的天气常常会持续一段时间。大暑气候特征：高温酷热、雷暴、台风频繁。

　　大暑分为三候，"一候腐草为萤，二候土润溽暑，三候大雨时行"。意思是气温偏高又有雨水，细菌容易滋生，许多枯死的植物腐化，到了夜晚，常看到萤火虫在腐草败叶上寻找食物；土壤高温潮湿，很适宜水稻等喜水作物的生长；在这雨热同季的潮热天气，天空中随时都会形成雨水落下。

大暑习俗

大暑正值中伏前后，是一年中最热的时间段，民间流传着许多的习俗，在不同的地区有着不同内容，如：送"大暑船"、晒伏姜、烧伏香、喝伏茶、斗蟋蟀等习俗。

大暑时节送"大暑船"是浙江沿海地区，尤其是台州渔村都有的民间传统习俗。"大暑船"完全按照旧时的三桅帆船缩小比例后建造，船内载各种祭品。活动开始后，50多名渔民轮流抬着"大暑船"在街道上行进，鼓号喧天，鞭炮齐鸣，街道两旁站满祈福人群。"大暑船"最终被运送至码头，进行一系列祈福仪式。随后，这艘"大暑船"被渔船拉出渔港，然后在大海上点燃，任其沉浮，以此祝福人们五谷丰登，生活平安健康。

大暑食俗

大暑节气闷热而潮湿，正值三伏天中的中伏，是一年中最热的时候，所以防暑降温就显得特别重要。

伏茶，顾名思义，是三伏天喝的茶。这种由金银花、夏枯草、甘草等十多味中草药煮成的茶水，有清凉祛暑的作用。

在广东很多地方在大暑时节有"吃仙草"的习俗。由于其神奇的消暑功效，被誉为"仙草"。把茎叶晒干后，可以做成烧仙草，广东一带叫凉粉，是一种消暑甜品。在北方，多数人家会熬一锅绿豆粥。此时节，清心降火的菊花、莲子、百合、苦瓜等都是不错的选择。

古时候，很多地方的农村都有个习俗，就是村里人会在村口的凉亭里放些茶水，免费给来往路人喝。

大 暑

（宋）曾 几

赤日几时过， 清风无处寻。

经书聊枕籍， 瓜李漫浮沉。

兰若静复静， 茅茨深又深。

炎蒸乃如许， 那更惜分阴。

大意

　　炎热的天气什么时候才能过去呢？没有一处能找到一丝清凉的风，在这酷热的天气里，阅读的书籍杂乱地堆积在一起，而泡在水里的果子，在水中上下浮沉。山里的寺院，没有香客，十分安静；山下房子没人居住，草木长得十分茂盛。即使是在这样烈日炎炎似火烧的天气里，我们还是要更加珍惜宝贵的时间啊！

 **大暑谚语**

大暑不暑，五谷不起。

大意

　　大暑天气炎热，农作物生长最快，如果不热，庄稼就不会丰收。

大暑热不透，大热在秋后。

大意

　　如果大暑时不是很热，那么真正的热会在秋天后出现。

大暑大暑，当心中暑。

大意

　　大暑时节多数地区已经是最热的时候，要注意采取措施，防止中暑。

萤火虫"映"出吏部尚书

　　每到大暑时节，萤火虫孵化而出，由于气温偏高又有雨水，细菌容易滋生，许多枯死的植物潮湿腐化，到了夜晚，经常可以看到萤火虫在腐草败叶上飞来飞去寻找食物。

　　东晋时代，有一个人叫车胤，自幼聪颖好学，勤奋不倦，博学多闻。但因家境贫困，没有多余的钱买灯油供他晚上读书。为此，他只能利用白天学习。夏天的一个晚上，他正在院子里背一篇文章，忽然看见许多萤火虫在飞舞，那一闪一闪的光点，在黑暗中显得有些耀眼。他想，如果把许多萤火虫集中在一起，不就成为一盏灯了吗？于是，他去找了一只白绢口袋，抓了几十只萤火虫放在里面，把装着萤火虫的袋子吊起来当作灯来照亮读书。自此学识与日俱增，最后成为一名有学识的人。

　　"囊萤映雪"中"囊萤"指的是车胤收集萤火虫读书，"映雪"指的是晋朝孙康聪明好学，但家贫不能点灯，冬天利用雪地的反光来读书。

大暑农事

随着气温的上升，七月中旬至八月中旬被称为大暑时节，高温期与多雨期一致，水热搭配好，对农作物的生长十分有利，此时是许多农事活动的黄金时期。

大暑时节可以进行农田深翻，加入适量的肥料可保证作物生长期营养充足，同时可以增加土壤的透气性，对后续作物的生长、适应有所帮助。

大暑时节是水稻的生长期，水稻的田间管理也是大暑时节的重点。高温天气导致土壤湿度下降。此时适量地对水稻进行灌溉，可以为水稻提供必要的水分。

通关检测

一、填空题

大暑，是二十四节气中的第（　　　）节气，夏季最后一个节气。斯时天气甚烈于小暑，故名曰大暑。

大暑的节令活动有（　　　）（　　　）（　　　）（　　　）（　　　）（　　　）等。

中国古人将大暑分为三候：一候（　　　），二候（　　　），三候（　　　）。

二、请写两句与大暑有关的诗词或谚语

_____

_____

_____

烧仙草是福建闽西南地区的传统特色饮品，其中在中国国内正宗的古早做法有用草直接烧煮的，而其他有用仙草粉、仙草液制作的。在夏天，一碗冰冰凉凉的烧仙草，能将五脏六腑的闷热血气都清除得一干二净，它是炎热消暑的圣品。

烧仙草甜品制作

所需材料：烧仙草粉100克，清水1000克，芋圆200克，蜜红豆200克，椰浆150克，牛奶，布丁，葡萄干，花生碎150克，炼乳适量。

制作过程：

1.先制作仙草冻：锅中加入1000克清水，煮开后加入仙草粉，快速搅拌均匀，倒入模具放凉至凝固。

2.锅中烧开水，加入芋圆煮熟，捞出过凉水，仙草冻切成小块。

3.杯中放入仙草冻、布丁、芋圆、蜜红豆、葡萄干、花生碎，再加入牛奶和椰浆，最后加入炼乳，拌匀即可。

我们了解了烧仙草甜品制作的过程，其实不同味道的制作各不相同，你可以通过视频了解更多烧仙草甜品的做法，然后选择一种你最感兴趣的，亲手做一做吧！

姓名		班级		菜名	
所需材料					
制作过程					
我的晒图					
亲朋好友评价					

　　"小暑不算热，大暑正伏天。"如谚语所说，大暑给人们的第一印象便是"极热"，所以，此时的民俗也多围绕"消夏"进行，比如喝绿豆粥、吃凤梨等等。在古代，人们把大暑过得颇为风雅，还会到郊外游玩避暑、乘船赏荷花等。《管子》有云："大暑至，万物荣华。"此时的荷花，也正值盛开。大暑所在的农历六月也被称为"荷月"，每逢这一时节处处尽是"接天莲叶无穷碧，映日荷花别样红"。

　　任务一："接天莲叶无穷碧，映日荷花别样红"，夏日荷花，一直是诗人们歌咏的对象，请你收集一些你喜欢的关于荷花的古诗词。

　　任务二：酷暑中，荷花绽放，人们会携上家人或三五好友出门赏荷。请你用文字、照片或视频的方式把你和家人出游赏荷的体验过程记录下来吧！

　　任务三：大暑酷热难耐，或许夏日难寻的清凉就夹杂在阵阵"荷风"之中。请你动手画一幅"荷花盛开"的美景图。

赏荷地点		赏荷时间		陪同人		天气	
我提前收集的关于荷花的诗词							
我拍的荷花照片							
我画的荷花图							

自然实践

　　自然，是一所最伟大的学校。大暑时节，是温度最高的时候，大自然里处处生机勃勃，绿意盎然。让我们在家长的陪伴下，登上你之前选好的附近的一座山，开始今年的第十二次登山旅程吧！注意对比看看这一次沿途的自然环境较小暑时节有什么变化。

"大暑"登山之大自然笔记

我选的山		登山时间	
陪同人		天气	
我的登山路线			
路途见闻（图片或文字）			
我的感受			
我发现大暑时节与前面节气自然环境的变化			

　　至此，今年上半年十二次登山已经结束，你一共登了几次呢？谈一谈你登山总的感受。

二十四节气综合实践

秦世松 杨 智／主编

下册

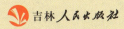
吉林人民出版社

立 秋

　　立秋，是秋季的第一个节气，预示着秋季的开始，也是二十四节气中的第十三个节气，于每年公历8月7日或8日交节。

　　立秋是阳气渐收、阴气渐长，由阳盛逐渐转变为阴盛的转折。在自然界，万物开始从繁茂成长趋向成熟。

　　立秋分为三候，"一候凉风至，二候白露生，三候寒蝉鸣"。意思是说立秋过后，刮风时人们会感觉到凉爽，此时的风已不同于夏天中的热风。接着，大地上早晨会有雾气产生，并且秋天感阴而鸣的寒蝉也开始鸣叫。

　　立秋与立春、立夏、立冬并称"四立"，也是古时"四时八节"之一。

立秋习俗

　　立秋，表示秋天来临，草木开始结果孕子，收获季节到了。因此，在立秋之日民间有祭祀土地神、庆祝丰收的习俗。

　　在中国的一些山区，由于地势复杂，村庄平地极少，只好利用房前屋后及自家窗台屋顶架晒、挂晒农作物，久而久之就演变成一种传统"晒秋"农俗。

　　还记得"立夏"时我们称过体重吗？立秋这天可以再称一次，将体重与立夏时对比来检验肥瘦，体重减轻叫"苦夏"。如果瘦了当然需要在秋天"补"，补的办法就是"贴秋膘"。

立秋食俗

　　民间有在"立秋"这一天全家一起吃西瓜的习俗，称之为"啃秋"。在入秋的这一天多吃西瓜，以防秋燥，久之形成习俗。抱着白生生的山芋啃，抱着黄澄澄的玉米棒子啃。啃秋抒发的，实际上是一种丰收的喜悦。

　　"立秋"可以吃的东西非常多，比如可以多吃莲藕，多吃山药。入秋后还可以多吃银耳。

立秋诗词

秋 夕

（唐）杜 牧

银烛秋光冷画屏， 轻罗小扇扑流萤。

天阶夜色凉如水， 坐看牵牛织女星。

大意

银烛的烛光映着冷清的画屏，手执绫罗小扇扑打萤火虫。夜色里的石阶清凉如冷水，静坐凝视天河两旁的牛郎织女星。

立秋谚语

立了秋，把扇丢。

大意

立秋后，气温降低，炎热的天气就会逐渐凉下来，不需要摇扇纳凉。

立秋三天，遍地红。

大意

立秋后，高粱便红透了乡间的田野。

立秋一场雨，遍地出黄金。

大意

在立秋这天下雨，庄稼地里都能长出黄金。

113

秋神蓐(rù)收的传说

　　秋神名叫蓐收。蓐收左耳上盘着一条蛇，右肩上扛着一柄巨斧。《山海经》上说他住在能看到日落的泑山。

　　蓐收肩上的巨斧，表明他还是一位刑罚之神。古时处决犯人，都是在立秋之后，叫秋后问斩，所以古人常说秋天具有"杀气"。

　　传说蓐收到来的时候会带有一股凉意，对这凉意最为敏感的是梧桐。立秋一到，梧桐便开始落叶。

　　"梧桐一叶落，天下尽知秋。"在院子里栽上一棵梧桐树，不但能知岁，还可能引来凤凰。所以，皇宫里是一定要栽梧桐树的。

　　立秋这天，太史官早早就守在了宫廷的中殿外面，眼睛紧紧盯着院子里的梧桐树。一阵风来，一片树叶离开枝头，太史官立即高声喊道："秋来了。"于是一人接着一人，大声喊道"秋来了""秋来了"，秋来之声瞬时传遍宫城内外。

　　传说凤凰非梧桐不栖，所以《诗经》中写到"凤凰鸣矣，于彼高冈。梧桐生矣，于彼朝阳"。

立秋农事

　　立秋前后中国大部分地区气温仍然较高，各种农作物生长旺盛，中稻开花结实，单晚圆秆，大豆结荚，玉米抽雄吐丝，棉花结铃，甘薯薯块迅速膨大，对水分要求都很迫切，此期受旱会给农作物的收成造成难以补救的损失，所以立秋前后要重点关注农作物用水需求。

　　有农谚说"立秋三场雨，秕稻变成米""立秋雨淋淋，遍地是黄金"。你知道是什么意思吗？

通关检测

一、填空题

　　1.立秋三候是：＿＿＿＿＿＿、＿＿＿＿＿＿、＿＿＿＿＿＿。

　　2.立秋民谚说：立了秋，扇莫丢，＿＿＿＿＿＿＿＿＿＿＿＿＿。早晚凉，＿＿＿＿＿＿＿＿＿＿＿＿，下雨，＿＿＿＿＿＿＿＿＿＿，立秋昆虫活动多。

二、选择题（单选）

　　1.立秋时节，可种植的农作物有（　　）。

　　A.棉花　　B.小麦　　C.番薯

　　2."立秋"有（　　）习俗。

　　A.吃西瓜　　B.吃萝卜　　C.喝绿豆汤

课外综合实践

 农事实践

立秋时节，南北方有种植秋白菜的农事活动。现在，我们一起来尝试种植秋白菜，感受劳动的快乐吧！

准备材料： 白菜种子、适量水、营养土、盆栽容器。

种植步骤：

1.播种育苗

（1）将种子进行催芽处理，在50—55℃的温水中浸泡15分钟，再置于常温的水中浸泡6—8小时。

（2）待种子快浸泡好时，将营养土装入容器内并整平，用喷壶浇透水，然后将种子均匀地撒在土壤表面，然后再覆盖一层1厘米细土即可。

2.入盆

（1）等小苗4片叶时进行移栽入盆。入盆前先将花盆清洗干净，盆底要垫上瓦片，装入营养土至盆沿的3—4厘米左右，间隔10厘米左右，挖好5—7厘米深的穴。

（2）用竹签小心挖出白菜苗，栽植时将根系垂直，舒展栽在穴内，将植株扶正，埋好后浇足底水。

3.日常管理

（1）光照条件：小白菜喜欢温湿的环境，栽培的时候可以放在楼底天台、阳台等阳光充足的地方。

（2）移栽后要保湿、保温、遮阴，4—5天后逐渐见阳光。

（3）施肥管理：在生长期内可追施一次微生物菌剂蔬果专用肥。

白菜观察记录
（每十天一次）

时间	白菜苗图片或照片	我的观察记录
第一次 （　　　）		
第二次 （　　　）		
第三次 （　　　）		

自然，是一所最伟大的学校。立秋时节，层林尽染，大地呈现多样的美。让我们在家长的陪伴下，登上你之前选好的附近的一座山，开始今年的第十三次登山旅程吧！注意对比看看这一次沿途的自然环境较夏天时有什么变化。另外可以重点观察山野间的各种植物叶子的变化，也可以采摘一些做标本。

"立秋"登山之大自然笔记

我选的山		登山时间	
陪同人		天气	
我的登山路线			
路途见闻（图片或文字）			
我的感受			
我发现立秋时节与前面节气自然环境的变化			

综合实践

秋叶之美

一叶知秋，到了秋天，大自然里有很多植物的叶子开始呈现出五彩斑斓之色，我们可以走进自然，收集各种喜欢的叶子，做一次"秋叶之美"的综合实践活动。

1.**收集秋叶**：学生利用空余时间收集立秋时节不同颜色、不同形态的银杏叶、梧桐叶、枫叶各5片。

2.**制作秋叶**

（1）学生动手运用收集的秋叶制作精美的树叶书签。

（2）利用收集的树叶，准备蓝色卡纸、剪刀、水彩笔、胶棒，尝试制作树叶粘贴画。

（3）观察不同树叶形状，尝试制作树叶折纸。

（4）准备不同形状的树叶，制作树叶玩偶。

我的作品展示

第十五章

处 暑

处暑是二十四节气的第十四个节气，也是秋季的第二个节气，于每年公历8月22—24日交节。

《月令七十二候集解》说："处，去也，暑气至此而止矣。""处"是终止的意思，表示炎热即将过去，暑气将于这一天结束，我国大部分地区气温逐渐下降。北方出现秋高气爽的好天气。但我国南方地区在处暑往往会再次感受高温天气，这样的天气也被称为"秋老虎"。

处暑三候为"一候鹰乃祭鸟，二候天地始肃，三候禾乃登"。意思是处暑这天，鹰开始大量捕猎鸟类，会把捕到的猎物摆放在地上慢慢享用，就像是陈列祭祀，这时候捕食也是为了"贴秋膘"，为秋冬准备。往后五天，万物凋零，一派肃杀之景。古人为了顺天地肃杀之气，也常常在这时处决犯人。再过五天，黍、稷、稻、粱类等农作物开始成熟，进入收成时节。

二十四节气里面有三"暑"：小暑、大暑、处暑。

处暑习俗

    处暑节气前后的民俗多与祭祖、迎秋有关，如放河灯、开渔节、拜土地爷等。

    放河灯的河灯也叫"荷花灯"，一般是在底座上放灯盏或蜡烛，放在江河湖海之中，任其漂流。对于沿海渔民来说，处暑以后便是渔业收获的时节，所以每年处暑期间，在沿海都要举行盛大的开渔仪式。此外，每年处暑节气，一些地方的农家百姓会举行各种仪式来拜谢土地爷，希望风调雨顺，粮食大丰收。

处暑食俗

    "七月半鸭，八月半芋"，农历七月中旬的鸭子最为肥美营养，民间在处暑节气就有 鸭子的习俗。每到处暑这天，老北京人都会吃处暑百合鸭。而江苏地区，做好的鸭子要端一碗送给邻居，正所谓"处暑送鸭，无病各家"。煎药茶也是处暑的一种习俗，最早可以追溯到盛唐时期。在处暑期间，家家户户会煎药茶饮用，以清热、去火、消食、除肺热， 保持身体健康。

鸭肉味甘微咸，味道鲜美，蛋白质含量高，营养丰富，不仅能补充人体必需的多种营养成分，还具有清热解毒、滋阴降火、清虚劳之热、养胃生津等功效。

121

咏廿四气诗·处暑七月中

（唐）元　稹

向来鹰祭鸟，　渐觉白藏深。

叶下空惊吹，　天高不见心。

气收禾黍熟，　风静草虫吟。

缓酌樽中酒，　容调膝上琴。

大意

处暑之日到来时，老鹰就会开始捕食鸟类。天气渐冷，一阵秋风吹过树叶发出沙沙的声音，天空高远，万物肃杀。这一时节秋气收敛，农作物慢慢成熟，在安静的秋风中可以听见虫儿在草中吟唱。一边慢慢品尝杯中的美酒，一边从容调理膝上的琴弦。

这首诗体现了很多处暑节气的物候现象，你发现了吗？

处暑天还暑，好似秋老虎。

大意

处暑节气过后仍然会保持一阵子炎热的天气，并不会一下子入秋，有时会有一个叫作"秋老虎"的回热天气。

处暑谷渐黄，大风要提防。

大意

处暑后粮食作物逐渐进入成熟期，这时刮大风，会导致作物倒伏、粮食脱落、影响成熟等，会给农民带来巨大的损失，因此处暑时节要提防大风天气。

处暑满地黄，家家修廪仓。

大意

处暑以后，山间田野里的粮食变得一片金黄。家家户户修筑粮仓，开始收获一年的辛劳，开始憧憬来年的好生活。

处暑的来历

相传祝融是炎帝的儿子、精卫的长兄，他深得部族人民的爱戴。黄帝部族与炎帝部族合并后，祝融被封为火神，主理火政和夏季，成为炎黄部族最主要的大臣之一。

水神共工因此嫉恨祝融，心中不平。于是向祝融发起挑战，想一争高下。祝融接受了挑战，二人各使神通，杀得天昏地暗。共工战败，愤怒地撞倒了撑天的不周山，致使天塌地陷，洪水泛滥，给百姓带来巨大的灾难。

黄帝迫于部族长老的压力，含泪下令处死祝融，祝融也对自己冲动的行为感到深深的悔恨，于是请求黄帝留存自己的魂魄，寄托于莲花之上，沿河漂流，召领死难的亡灵，以赎罪孽。

因祝融主理夏暑季节，所以处死祝融的这天就被称为"处暑"。处暑当日，人们会到河边燃放河灯，恭请祝融魂魄归于莲花之上，以此寄托对故去亲人的思念。

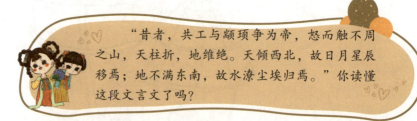

"昔者，共工与颛顼争为帝，怒而触不周之山，天柱折，地维绝。天倾西北，故日月星辰移焉；地不满东南，故水潦尘埃归焉。"你读懂这段文言文了吗？

处暑农事

　　处暑时节，中国大部分地区林果和农作物陆续进入成熟期，农民加紧采摘，抢抓农时，进行水稻施肥、除草等田间管理。处暑以后，气温日夜差别增大，由于夜寒昼暖，作物白天吸收的养分到晚上储存，因而庄稼成熟很快。

通关检测

一、判断题

　　1.处暑之后气温逐渐降低，不会出现很炎热的天气。（　　　）

　　2.处暑节气拜土地的习俗是为了祈求来年风调雨顺，粮食大丰收。（　　　）

　　3.吃鸭子是处暑的食俗。（　　　）

二、选择题（多选）

　　1.处暑的习俗有（　　　）。

　　A.放河灯　　　B.祭灶王爷　　　C.拜土地爷　　　D.开渔节

　　2.处暑三候分别是：一候（　　　），二候（　　　），三候（　　　）。

　　A.鹰乃祭鸟　　　B.玄鸟至　　　C.天地始肃　　　D.禾乃登

課外综合实践

食俗实践

　　民间有处暑吃鸭子的传统。中华美食博大精深，鸭子的做法也是五花八门。有白切鸭、柠檬鸭、烤鸭、荷叶鸭、核桃鸭等等。请选一道你感兴趣的菜品，和爸爸妈妈一起做一道以鸭子为食材的美食，把你的烹饪过程、制作感受用文字和图片记录下来吧！

我的风俗美食体验记录表

菜名	
制作材料	
制作流程	
注意事项	
成品图	
分享与感受	

自然实践

　　自然，是一所最伟大的学校。处暑遍地黄，百香果满仓。处暑时节，让我们在家长的陪伴下，登上你之前选好的附近的一座山，开始今年的第十四次登山旅程吧！注意对比看看这一次沿途的自然环境较立秋时节有什么变化。另外可以重点观察山林间、果园里的果树有哪些已经硕果累累，田间地头有哪些作物已经开始成熟。

"处暑"登山之大自然笔记

我选的山		登山时间	
陪同人		天气	
我的登山路线			
路途见闻（图片或文字）			
我的感受			
我发现处暑时节与前面节气自然环境的变化			

第十六章

白 露

　　白露，是二十四节气中的第十五个节气，秋季第三个节气，于公历9月7—9日交节。

　　白露是反映自然界寒气增长的重要节气。进入白露节气后，夏季风逐步被冬季风所代替，冷空气南下逐渐频繁，因此温度下降也逐渐加速，有"白露秋分夜，一夜凉一夜"的说法。

　　白露有三候，"一候鸿雁来，二候玄鸟归，三候群鸟养羞"。意思是白露节气，鸿雁和燕子等候鸟开始南飞避寒，各种鸟类开始贮存过冬的食物。

白露习俗

　　中国民间在白露节气有"收清露"的习俗，《本草纲目》上记载："百草头上秋露，未晞时收取，愈百病，止消渴，令人身轻不饥，肌肉悦泽。"因此，收清露成为白露最特别的一种仪式。

　　此外，每年正月初八、清明、七月初七和白露时节，太湖畔的渔民就会举行禹王的香会，其中又以清明、白露春秋两祭的规模为最大。

白露食俗

　　白露之前的龙眼个个大颗，核小味甜口感好。当地人认为，在白露这一天吃龙眼有大补身体的奇效，所以现在南方很多地区延续了白露吃龙眼的传统习俗。

　　湖南有的地方历来有酿酒习俗。每年白露节一到，家家酿酒，其酒用糯米、高粱等五谷酿成，温中含热，略带甜味，称"白露米酒"。

　　白露时节，一些地方的人要饮"白露茶"。还有的地方白露时节会采集十种带"白"字的草药，以煨乌骨白毛鸡（或鸭子），据说食后可滋补身体。

月夜忆舍弟

（唐）杜 甫

戍鼓断人行， 边秋一雁声。

露从今夜白， 月是故乡明。

有弟皆分散， 无家问死生。

寄书长不达， 况乃未休兵。

大意

戍楼上的更鼓声断绝了人行，秋夜的边塞传来了一声声孤雁哀鸣。从今夜起就进入了白露节气，月亮还是故乡的最明亮。虽有兄弟，但都离散天各一方。家园无存，相互无从知晓彼此生死的信息。寄出去的家书老是不能送到，何况战乱频繁还没有停止。

白露秋分夜，一夜凉一夜。

大意

　　白露时节，进入秋季，气温开始下降，晚上刮起秋风，人们感觉一夜比一夜凉。

白露身不露，寒露脚不露。

大意

　　白露节气一过，天气逐渐转凉，穿衣服就不能再赤膊露体；寒露节气一过，应注重足部保暖。

处暑难逢十日阴，白露难逢十日晴。

大意

　　处暑时节，日日晴朗炎热，难得遇到阴雨天；白露时节，天气转凉，难得遇到晴天。

大禹开龙门

传说当年大禹治水时，采用了"治水须顺水性，水性就下，导之入海""高处就凿通，低处就疏导"的治水思想。他通过细致地勘察，发现龙门山口过于狭窄，汛期时洪水难以通过；还发现黄河多泥沙淤积，导致流水不畅。有了这些发现，于是大禹立马制定方案，改"堵"为"疏"。就是将河道先疏通，再把峡口拓宽，好让洪水来时能更快地通过。

大禹带领开凿龙门时，因为当时设备非常简陋，所以过程非常艰苦。不但损坏了一件件石器、木器、骨器工具，而且出现了人员的伤亡。可是所有人毫不退缩，坚持劈山不止。大家在大禹的带领下，大山终于被劈开，洪水由此一泻千里，向下游流去，江河从此畅通。

　　白露时节，正是中国各地大忙时节。东北地区，开始收获谷子、高粱和大豆，一些地方开始采摘新棉；同时，要给棉花、玉米、高粱、谷子、大豆等选种留种，及时腾茬、整地、送肥，抢种小麦。

　　华中地区，抓紧时间收割迟、中水稻，夏玉米也开始收获了，棉花也分批采摘，晚玉米得加强水的管理。除此之外，得抓紧时间平整土地，为种麦做好准备。

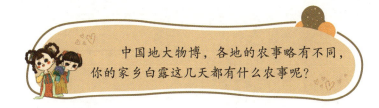

中国地大物博，各地的农事略有不同，你的家乡白露这几天都有什么农事呢？

一、选择题

1.白露是二十四节气中第几个节气，是秋季的第几个节气？（　　）

A.十五，三　　　B.十五，四　　　C.十四，三

2.白露有（　　）习俗。（多选）

A.采"十样白"　　　B.吃龙眼　　　C.祭禹王　　　D.饮白露茶

二、白露节气有许多诗词和谚语，连一连

八月白露降，　　　　　　　棉花开始采收。

蒹葭苍苍，　　　　　　　　霜降摘柿子。

中秋前后是白露，　　　　　白露为霜。

白露打核桃，　　　　　　　湖中水方老。

课外综合实践

食俗实践

　　白露以后大家可以多吃一些红薯，因为红薯富含蛋白质、淀粉、果胶、纤维素、氨基酸、维生素及多种矿物质，含糖量达到15%—20%。中医视红薯为良药，有"长寿食品"之誉。民间认为白露吃红薯可以调整肠胃，所以很多人习惯在白露节气吃红薯。让我们在白露时节，也和家人一起，做一份红薯美食吧！

姓名		班级		菜名	
所需材料					
制作过程					
我的晒图					
分享与感受					

自然，是一所最伟大的学校。白露时节，秋高气爽，金桂飘香。让我们在家长的陪伴下，登上你之前选好的附近的一座山，开始今年的第十五次登山旅程吧！注意对比看看这一次沿途的自然环境较前面时节有什么变化，另外可以重点观察自然中树叶的变化！

"白露"登山之大自然笔记

我选的山		登山时间	
陪同人		天气	
我的登山路线			
路途见闻（图片或文字）			
我的感受			
我发现白露时节与前面节气自然环境的变化			

第十七章

秋 分

　　秋分，是二十四节气中的第十五个节气，秋天的第四个节气，于每年的9月23日前后交节。

　　秋分这天太阳几乎直射地球赤道，全球各地昼夜等长。秋分日后，太阳光直射位置南移，北半球开始昼短夜长，昼夜温差加大，气温逐日下降。

　　秋分三候为"一候雷始收声，二候蛰虫坯户，三候水始涸"。是说秋分后阴气开始旺盛，所以不再打雷了，蛰居的小虫开始藏入穴中，湖泊与河流中的水量变少。

秋分习俗

　　秋分时节，有的地方会有挨家送秋牛图的人。"秋牛图"就是红纸或黄纸印上全年农历节气，还要印上农夫耕田图样。送图者都是民间能说会唱之人，每到一家便是见啥说啥，吉祥话说得主人开心给钱为止。这样的活动俗称"说秋"，说秋人便叫"秋官"。

　　秋分期间还是客家孩子们放风筝的好时候，尤其是秋分当天，甚至许多大人也会参与。

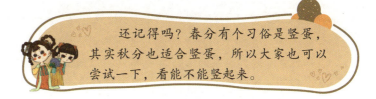

还记得吗？春分有个习俗是竖蛋，其实秋分也适合竖蛋，所以大家也可以尝试一下，看能不能竖起来。

秋分食俗

　　有的地方秋分会吃秋菜，秋菜是一种野苋菜。每逢秋分，村里人都去采摘秋菜，和鱼片一起制成秋汤。

　　"秋分到，蛋儿俏"，我国很多地方在秋分这天都有"竖蛋"的习俗。秋分这天地球地轴与地球绕日公转的轨道平面处于一种力的相对平衡状态，有利于"竖蛋"。而在比赛"竖蛋"后，大家都会把鸡蛋给吃了。

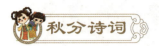

客中秋夜

（明）孙　作

故园应露白，凉夜又秋分。月皎空山静，天清一雁闻。
感时愁独在，排闷酒初醺。豆子南山熟，何年得自耘。

大意

　　秋分到了，故乡的露应该白了吧。明月皎洁，空山宁静，天清气朗，雁声可闻。想家的心情有些愁闷，以酒浇愁，喝到微醺。故乡的豆子就要熟了，我何时才能归家，躬耕田园呢？

秋分谚语

秋分有雨来年丰。

大意

秋分时节如果有雨，第二年的农作物有大丰收。

秋分雨多雷电闪，今冬雪雨不会多。

大意

秋分时节多有打雷闪电天气，当年冬天的雨或者雪会减少。

秋分西北风，冬天多雨雪。

大意

秋分时节气候刮西北风，冬天雨和雪较多。

秋分农事

　　秋分时节，中稻要加强后期管理，采用干湿相间的灌溉技术，收获前断水不宜过早，以收获前5—6天断水为宜。这样能提高根系活力，养根保叶，防止早衰瘪谷。此外，秋分还要开始制订秋播规划了。

通关检测

一、填空题

　　"秋分者，阴阳相伴也，故昼夜均而寒暑平。""秋分"的意思是，昼夜时间均等，白天黑夜各（　　）小时。

二、判断题

　　秋分这一天有雨，对第二年的庄稼生长有利。（　　）

课外综合实践

食俗实践

　　中国传统节日中秋节一般在秋分时节。我们可以和家人一起动手制作月饼，然后在中秋节的夜晚，和家人赏月、品月饼、吟古诗，度过一个不一样的中秋节吧。

制作月饼

姓名		班级		月饼种类	
所需材料					
制作过程					
我的晒图					
分享与感受					

 自然实践

　　自然，是一所最伟大的学校。秋分时节，秋高气爽，丹桂飘香，正是亲近自然的好时期。让我们在家长的陪伴下，登上你之前选好的附近的一座山，开始今年的第十六次登山旅程吧！注意对比看看这一次沿途的自然环境较春天和夏天时节有什么变化，另外可以重点了解桂花的形状和味道。

"秋分"登山之大自然笔记

我选的山		登山时间	
陪同人		天气	
我的登山路线			
路途见闻（图片或文字）			
我的感受			
我发现秋分时节与前面节气自然环境的变化			

第十八章

课堂学习

寒 露

　　寒露，是二十四节气的第十七个节气，秋季的第五个节气，于每年公历10月7—9日前后。

　　寒露节气是天气转凉的象征，标志着天气由凉爽向寒冷过渡，露珠寒光四射。

　　寒露三候为"一候鸿雁来宾，二候雀入大水为蛤，三候菊有黄华"。意思是此节气中鸿雁排成一字形或人字形的队列大举南迁，到温暖的南方过冬，北方要等来年才能看到大雁了；然后雀鸟都变成蛤蜊进入水中；菊花一天也比一天黄。

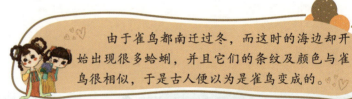

　　由于雀鸟都南迁过冬，而这时的海边却开始出现很多蛤蜊，并且它们的条纹及颜色与雀鸟很相似，于是古人便以为是雀鸟变成的。

142

寒露习俗

寒露主要有登高、赏菊、赏枫叶、秋钓边等习俗。由于寒露节气后气候宜人，秋高气爽，而每年的重阳节都在寒露前后，因此十分适合登山、赏枫，所以重阳节登高的习俗逐渐也成了寒露节气的习俗。登高寓意"步步高升""高寿"。

王维的《九月九日忆山东兄弟》里就写到秋日登高的习俗，"遥知兄弟登高处，遍插茱萸少一人"。

寒露食俗

寒露主要有吃螃蟹、吃芝麻、吃花糕、吃柿子、饮寒露茶、饮菊花酒等习俗。正所谓"秋深菊黄蟹正肥"，寒露时节雌蟹卵满、黄膏丰腴，正是吃母蟹的最佳节气。中医认为河蟹性寒，味咸，具有清热散结、通脉滋阴、强壮筋骨等功效，因此民间就有了"寒露吃螃蟹"的习俗。煮螃蟹以清蒸的营养价值最高。

寒露九月节

（唐）元 稹

寒露惊秋晚，　朝看菊渐黄。

千家风扫叶，　万里雁随阳。

化蛤悲群鸟，　收田畏早霜。

因知松柏志，　冬夏色苍苍。

大意

　　寒露来临，突然发现已经到了晚秋时节。清晨起来，看到菊花正在慢慢变黄。家家户户门前，秋风正吹扫着落叶，广袤天空中，大雁追逐着太阳往南飞。鸟儿都入水化为蛤蜊，让人感到悲伤，农民正忙着收割庄稼，担心早到的寒霜影响收成。从此可以看到松柏的坚强意志，无论是寒冬还是酷暑，它永远都是郁郁苍苍。

这首诗里提到了很多寒露物候现象，你发现了吗？

 寒露谚语

寒露有雨，以后多雨。

大意

如果寒露当天下雨了，那么就预示着整个冬季雨水较多。换句话说就是冬季晴朗的日子不多，主要是以雨雪天气为主。而冬季如果雨雪天气多，自然冬天就偏冷。

在今年寒露这一天，你一定要留意当天的天气，看看是不是像谚语中说的一样。

吃了寒露饭，单衣汉少见。

大意

到了寒露节气的时候，天气因为已经凉爽了，穿单衣已经不能抵御寒冷了。换句话说，寒露过后，我们穿的衣服会越来越多、越来越厚，这样才能保暖。

寒露降了霜，一冬暖洋洋。

大意

寒露节气的时候就已经看到白霜了，那么冬季就会比较暖和。一般只有在霜降节气以后，等气温接近零度的时候才会见到白霜。可是寒露节气就见到白霜了，就说明寒露节气的时候就已经很冷了，冬季提前到了。而冷得早，到了寒冬的时候就会比较暖和了。

寒露的传说

从前，在一条清溪环绕的山脚下，住着一家人，儿子叫寒露，为人忠厚，有几分傻气，可他很会种地。他的父母为他找了一个叫荞麦的妻子，荞麦聪明伶俐。婚后夫妻俩男耕女织，日子过得很美满。

有一年，镇上有庙会，荞麦让丈夫把自己织的布匹拿到会上卖。寒露在路上碰见一个秀才，向他借马。寒露便把马借给秀才，并问道："你叫啥，住哪里？"秀才说："我姓你所赠，日月本是名，住在半空里，月亮落村中。"说罢，催马跑了。

寒露回到家里，妻子问他的马到哪里去了。寒露就把那人的话说出来。荞麦听罢，说："明天你翻过大梁山，山西坡半腰中有个村子，去找一个叫马明的人要马。"

第二天，寒露按着妻子的话翻过大梁山，找到了马明。马明把马还给寒露并赠送了一份礼包。到家后，寒露把礼包递给

你猜出秀才说的是什么意思吗？

妻子。荞麦抖开礼包，只见一朵花、一棵葱和一个大得没样子的南瓜。荞麦看罢，非常生气，明白这是讥笑她"聪明伶俐一枝花，竟然配个大憨瓜"。荞麦越想越气，气出了病，不到半年就死了。

荞麦死后，寒露每想起妻子，便到坟上哭一场。今儿哭，明儿哭，慢慢地在他落泪的地方长出一棵红秆绿叶的苗苗。后来那苗苗慢慢地长大，开出了白花，结出了有棱有角的果实，寒露就把这种果实叫作荞麦。

　　寒露把荞麦种子采下，撒在田里，第二年长出了一片。这样一年又一年，满地都是荞麦。后来，寒露忧思成疾去世了。

　　这年秋旱，其他庄稼都死了，唯有寒露地里的荞麦丰收。人们靠这些荞麦度过了灾荒，保住了性命。人们感激寒露，就把寒露死的那天叫"寒露节"。

寒露农事

寒露时节，北方应播种完小麦，不宜再迟，以免减产。南方应适时播油菜、种蚕豆等。

华南地区将会出现一种灾害性天气——绵雨，其特点为：湿度大，云量多，日照少，阴天多，雾日亦自此显著增加，直接影响"三秋"的进度与质量。因此要利用天气预报，抢晴天收获和播种。

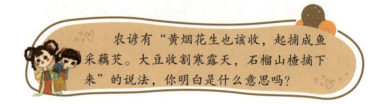

农谚有"黄烟花生也该收，起捕成鱼采藕荠。大豆收割寒露天，石榴山楂摘下来"的说法，你明白是什么意思吗？

通关检测

一、选择题

以下节气按时间顺序排序正确的是（　　　　）。

A.立冬、秋分、小寒、冬至　　　B.白露、秋分、寒露、霜降

C.处暑、小暑、大暑、立秋　　　D.立春、惊蛰、雨水、春分

二、填空题

1.寒露是二十四节气中第（　　　）个节气。

2.我了解到了，寒露到来时的习俗有：（　　　　）、（　　　　）、（　　　　）等。

课外综合实践

农事实践

南方：此时正值晚稻抽穗灌浆期，要继续加强田间管理，做到浅水勤灌，干干湿湿，以湿为主，切忌后期断水过早。

北方：正值玉米丰收、种植冬小麦的农忙时节！霜降前，玉米收获，过冬小麦种植完成。

同学们，请调查一下你所在城市寒露时节的农事，找一项做一做吧！

姓名		时间	
农活名称			
我的感受			
我的晒图			
亲朋好友评价			

自然，是一所最伟大的学校。寒露时节，昼暖夜凉，白天往往秋高气爽。正是登高望远欣赏秋叶的好时机。让我们在家长的陪伴下，登上你之前选好的附近的一座山，开始今年的第十七次登山旅程吧！注意对比看看这一次沿途的自然环境较前面的时节有什么变化。另外可以重点观察田野里的野菊花是否开放，如果开放了可以采摘一些做菊花茶。

"寒露"登山之大自然笔记

我选的山		登山时间	
陪同人		天气	
我的登山路线			
路途见闻（图片或文字）			
我的感受			
我发现寒露时节与前面节气自然环境的变化			

　　每个季节都有适合它精神气质的花。寒露到来的农历九月又称菊月，是菊花的月份。寒露三候中的"菊始黄华"，指的正是菊花此时普遍开放。我们可以采摘一些菊花晾晒后做成菊花茶，和家人一起分享。

　　我的晒图

第十九章

霜　降

　　霜降是二十四节气中的第十八个节气，是秋季的最后一个节气，也是秋季到冬季的过渡，每年公历10月23—24日交节。

　　进入霜降节气后，深秋景象明显，冷空气南下越来越频繁。霜降节气反映的是天渐渐变冷的气候特征，并不是表示这个节气就会降霜。其实霜也不是从天上降下来的，霜是地面的水汽由于温差变化遇到寒冷空气凝结而成的，霜降节气与降霜无关。

　　中国古人将霜降分为三候，"一候豺乃祭兽，二候草木黄落，三候蛰虫咸俯"。意思是寒露开始，豺这类动物开始捕获猎物过冬，树叶都枯黄掉落，冬眠的动物藏在洞中不动不食，进入冬眠状态。

 **霜降习俗**

霜降主要有登高、赏菊、扫墓、打霜降等习俗。

古有"霜打菊花开"之说，所以登高山，赏菊花，也就成为霜降这一节气的雅事。

在古代，每年立春为开兵之日，霜降是收兵之期，所以霜降日的五更清晨，武官们会集庙中，行三跪九叩之礼。礼毕，列队齐放空枪三响，然后再试火炮、打枪，称之为"打霜降"，所以叫"沙场秋点兵"。

霜降食俗

霜降时节，吃红薯、牛肉、萝卜是四川人民的食俗。"冬补不如霜降补"，牛肉的蛋白质含量高，不少地方都有霜降吃牛肉大餐的习俗。适合这期间食补的还有苹果、栗子、橄榄、南瓜、百合等。

此外，霜降时节，红红的柿子挂满枝头，经过秋霜，格外香甜。所以，霜降又是吃柿子的好时节。

霜降诗词

九日登李明府北楼

（唐）刘长卿

九日登高望，　苍苍远树低。

人烟湖草里，　山翠县楼西。

霜降鸿声切，　秋深客思迷。

无劳白衣酒，　陶令自相携。

大意

农历九月初九登上了李明府北楼远望，远处的树木茂盛而低矮。湖边的草丛里不时有人影出现，县城楼西边的山翠绿依旧。霜降时节鸿雁鸣声更为悲切，旅居在外的游子在这深秋时节也更思念家乡了。若是友人相邀，不需要白衣使者来送酒，我自当携酒赴约。

重阳节最重要的习俗就是登高望远。很多诗人都曾写过关于重阳登高的诗歌，你最熟悉的是哪一首呢？

霜降谚语

雪打高山霜打洼。

大意

　　雪会下在高山的地方，而霜会打在低洼的地方。其含义是人要提升自己的地位，才有好事发生。

一夜孤霜，来年有荒；多夜霜足，来年丰收。

大意

　　如果仅仅下了一次霜，来年农作物要减产，反之，如果连续几天晚上有霜出现，来年庄稼就是大丰收。

霜降配羊清明羔，天气暖和有青草。

大意

　　要想养好羊，霜降前后就得配羊，这样清明前后正好下羊羔，这个时候天气暖和，青草也都冒芽了，这样羊羔就饿不着，活下来的可能性就大了。

柿子救命

　　明朝皇帝朱元璋曾经有过一段黑暗时光，过着四处乞讨的生活。有一次霜降的时候，他饥饿难耐，差点摔死，还好被一棵老柿树拦住，他吃了树上的柿子活了下来。

　　几年后，他参加义军，成为了一方首领。又一个霜降的时节，他梦见一个老神仙站在救他的柿子树下，笑着对他说："柿子救命，士子治国。"朱元璋不明所以。后来，他遇到了定远城中的李善长。李善长胸怀大志，文韬武略。朱元璋明白李善长就是老神仙提到的"士子"，于是重用了他。在李善长的帮助下，朱元璋的队伍快速发展。最后朱元璋建立明朝，成为明朝开国皇帝。

　　后来，"柿子救命"的说法因此延续了下来，霜降日吃柿子，也成为霜降节气最主要的民俗。

同学们，新鲜的柿子虽然好吃，但可不能多吃哦！

霜降农事

霜降时节，北方大部分地区已在秋收扫尾。即使耐寒的葱也不能再长了，因为"霜降不起葱，越长越要空"。

在南方，却是"三秋"大忙季节，单季杂交稻、晚稻才在收割，种早茬麦，栽早茬油菜，摘棉花，拔除棉秸，耕翻整地。

通关检测

一、判断题

1．"霜降"这个节气表示会降霜。（　　）

2．"霜"是地面的水汽由于温差变化遇到寒冷空气凝结而成的。
（　　）

3．霜降是一年之中昼夜温差最小的时节。（　　）

二、选择题（多选）

1．霜降三候指（　　）。

A.一候豺乃祭兽　　B.二候蛰虫始振　　C.三候蛰虫咸俯

2．霜降时益处较大的食物有（　　）。

A.萝卜　　B.牛肉　　C.青菜　　D.苹果

课外综合实践

综合实践

　　菊被古人视为"候时之草"，有着不寻常的文化意义，被认为是"延寿客""不老草"，霜降时节，这等雅事何不去感受一二呢？

霜降赏菊之乐

赏菊之地		赏菊时间	
共赏之人		天气	
观赏品种			
菊花之貌（照片或者简笔画）			
菊花的诗词			

自然，是一所最伟大的学校。霜降时节，大地进入一片萧瑟的景象。让我们在家长的陪伴下，登上你之前选好的附近的一座山，开始今年的第十八次登山旅程吧！注意对比看看这一次沿途的自然环境较前面时节有什么变化。另外可以重点观察柿子树，看看那些像小灯笼一样的红柿子吧！

"霜降"登山之大自然笔记

我选的山		登山时间	
陪同人		天气	
我的登山路线			
路途见闻（图片或文字）			
我的感受			
我发现霜降时节与前面节气自然环境的变化			

第二十章

立 冬

立冬，是二十四节气中的第十九个节气，是冬季的起始，于每年公历11月7—8日之间交节。

立，建始也；冬，终也，万物收藏也。立冬，意味着生气开始闭蓄，万物进入休养、收藏状态。其气候也由秋季少雨干燥向阴雨寒冻的冬季气候渐变。

立冬三候为"一候水始冰，二候地始冻，三候雉入大水为蜃"。意思是，此时水已经能结成冰；土地也开始冻结；雉入大水为蜃中的雉即指野鸡一类的大鸟，蜃为大蛤。

冬季的时候野鸡之类的大鸟都躲起来了，海边却可以看到外壳和野鸡颜色相似的大蛤蜊，古人难以解开野鸡"消失"的情形，所以认为是野鸡在冬季的时候进入海里，变成了大蛤蜊，于是有了三候雉入大水为蜃的说法。

 **立冬习俗**

　　立冬与立春、立夏、立秋合称为四立，在古代社会中，是一个非常重要的节日。每到这一天，皇帝会亲自率领文武百官来到京城北郊设坛祭祀，场面之隆重壮观，非同一般。

　　在中国部分地区立冬还有祭祖、饮宴、卜岁等习俗，以时令佳品向祖灵祭祀，以尽为人子孙的义务和责任，祈求上天赐给来岁的丰年。

　　在一些地方，立冬还有用各种香草、菊花、金银花煎汤沐浴的活动，称为"扫疥"，以求治愈疾病，保证身体健康过冬。

 **立冬食俗**

　　立冬后，民间有补冬的习俗。在寒冷的天气中，应该多吃一些温热补益的食物，这样不仅能使身体更强壮，还可以起到很好的御寒作用。俗话说，立冬吃饺子。这是因为饺子是来源于"交子之时"的说法。大年三十是旧年和新年之交，立冬是秋冬季节之交，故也有吃饺子的习俗。

　　除饺子外，冬季我们要适当增加主食和油脂的摄入，保证优质蛋白质的供应。羊肉、牛肉、鸡肉、虾、鸽、鹌鹑、海参等食物中富含蛋白质及脂肪，产热量多，御寒效果好。

南京有句谚语："一日半根葱，入冬腿带风。"一立冬，老南京人就特别注意吃生葱了，以抵抗南京冬季湿寒，减少疾病的发生

立 冬

（唐）李 白

冻笔新诗懒写， 寒炉美酒时温。
醉看墨花月白， 恍疑雪满前村。

大意

　　立冬之日，天气寒冷，墨笔冻结，正好偷懒不写新诗，火炉上的美酒时常是温热的。醉眼观看月下砚石上的墨渍花纹，恍惚间以为是大雪落满山村。

立冬晴，一冬晴；立冬雨，一冬雨。

大意

立冬天气晴朗，那么整个冬季将是大晴天，而立冬下雨的话，那么整个冬季都会有雨。

立冬北风冰雪多，立冬南风无雨雪。

大意

在立冬的时候刮北风，那么这个冬天雨雪将会比较多；如果在立冬的时候刮南风，那么这个冬天将会是暖冬，天气不会那么寒冷，也没有下雨雪。

立冬打软枣，萝卜一齐收。

大意

立冬时节，不仅是枣子成熟丰收的时间，也是萝卜成熟的时间。

张仲景与饺子

　　很久以前，有一位有名的医者叫张仲景。有一年冬天他回家乡，看见乡亲们的耳朵都冻烂了。他想：天气太冷了，如果在冬天能多吃一些驱寒的食物，从里感受到温暖，耳朵就不会冻烂了。于是他就研究出一种方法，把羊肉跟各种驱寒的食材还有辣椒捣碎包在面皮里，包成耳朵形状，那时候称之为"娇耳"。给乡亲们每人一大碗娇耳加肉汤。人们吃了喝了之后感觉特别暖和，脸红通通的，就不再冻耳朵了。这就是立冬吃饺子的传说。

　　后来的饺子不仅有各种各样的馅料，连包法也是各式各样的，甚至连吃法也渐渐多了起来，如蒸食、水煮等。

　　现在我们吃饺子不仅仅在立冬的时候会吃，而且在家人团圆或者重大节日的时候都会吃，这代表着一种美好的祝愿。

 立冬农事

立冬后，北方农作物全面进入越冬期。在田间土壤夜冻昼消之时，要抓紧时机浇好麦、菜及果园的冬水，以补充土壤水分不足，改善田间气候环境，防止"旱助寒威"，减轻和避免冻害的发生。

江南及华南地区，要开好田间"丰产沟"，做好清沟排水，防止冬季涝渍和冰冻危害。

通关检测

一、选择题（单选）

1.立冬是二十四节气中第几个节气，是冬季的第几个节气？（   ）

A.十八，一   B.十九，一   C.二十，二

2.立春与（   ）、立秋、（   ）合称"四立"，都是一个季节的开启，是二十四节气中的转折点。

A.夏至、立冬   B.立夏、冬至   C.立夏、立冬

二、立冬节气有许多谚语，连一连

立冬晴，一冬晴，   春来冻死秧。

立冬种豌豆，   立冬有雨防烂冬。

立冬无雨防春旱，   立冬雨，一冬雨。

立冬不见霜，   一斗还一斗。

课外综合实践

食俗实践

俗话说，立冬吃饺子。让我们亲自动手，在立冬节气和家人一起包饺子、煮饺子、吃饺子吧！

姓 名		学校班级	
所需材料			
制作过程			
我的晒图			
分享与感受			

自然，是一所最伟大的学校。立冬，意味着万物开始进入休养、收藏的状态。天地间的气息仿佛慢了下来，动物们纷纷跑回深山，钻进树洞，将自己藏起来。让我们在家长的陪伴下，登上你之前选好的附近的一座山，开始今年的第十九次登山旅程吧！注意对比看看这一次沿途的自然环境较前面时节有什么变化，另外可以重点观察山林间各种小动物的活动情况。

"立冬"登山之大自然笔记

我选的山		登山时间	
陪同人		天气	
我的登山路线			
路途见闻（图片或文字）			
我的感受			
我发现立冬时节与前面节气自然环境的变化			

第二十一章

小 雪

　　小雪，是二十四节气中的第二十个节气，是冬季的第二个节气，于每年公历11月22—23日交节。

　　小雪是反映降水与气温变化的节气，它是寒潮和强冷空气活动频数较高的节气。小雪节气的到来，意味着天气会越来越冷，降雪会渐增。

　　小雪三候为"一候虹藏不见，二候天气上升地气下降，三候闭塞而成冬"。彩虹躲藏起来看不见。天空中的阳气上升，地中的阴气下降，导致天地不通，阴阳不交，所以万物失去生机，天地闭塞而转入严寒的冬天。

　　"小雪"节气是反映气温与降水变化趋势的节气，并不是表示这个节气下很小量的雪，节气"小雪"与天气预报基本术语中的小雪（24小时内降雪量0.1—2.4毫米或12小时内降雪量0.1—0.9毫米的降雪）没有必然联系。

小雪习俗

小雪节气，民间有"冬腊风腌，蓄以御冬"的习俗。小雪后气温急剧下降，天气变得干燥，是加工腊肉的好时候。小雪节气后，一些农家开始动手做香肠、腊肉，把多余的肉类用传统方法储备起来，等到春节时正好享受美食。

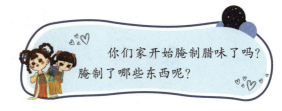
你们家开始腌制腊味了吗？腌制了哪些东西呢？

小雪食俗

小雪节气既不宜生冷，也不宜燥热，最宜食用滋阴潜阳、热量较高的食物，如腰果、山药、芡实、核桃、花生等。同时，还要注意多吃富含维生素C的蔬果，如胡萝卜、辣椒、土豆等蔬菜以及苹果等水果。小雪前后，很多地方开始了一年一度的"杀年猪，迎新年"民俗活动，给寒冷的冬天增添了热烈的气氛。

东北农村每年接近年关杀年猪时所吃的一种炖菜称之为"杀猪菜"。现在的"杀猪菜"已经成为东北饮食的一大特色，有机会可以尝一尝。

小雪日戏题绝句

（唐）张　登

甲子徒推小雪天，　刺梧犹绿槿花然。

融和长养无时歇，　却是炎洲雨露偏。

大意

　　甲子年徒然推迟了小雪天气候；梧桐犹自绿意盎然，槿花也依旧全然绽放着。暖意融和的天气，时时刻刻都适合养生之道。难道是神话里南方炎洲的雨下偏了，才让人觉得如此暖和？

小雪不砍菜，必定有一害。

大意

对于白菜萝卜而言，最佳的收获期就在立冬后、小雪前。也就是说，小雪到来之前，一定要把白菜萝卜采收完毕，储存起来，准备过冬，不然白菜萝卜就会遭殃。

小雪大雪不见雪，来年灭虫忙不迭。

大意

如果在小雪以及大雪节气当中都没有看到下雪的天气，那么人们在来年将会忙着去灭杀种植庄稼土壤中的虫卵。

小雪西北风，当夜要打霜。

大意

小雪时节，如果西北风呼啸而来，那么温度马上就下降，当夜就会出现寒霜。

食糍粑

相传春秋战国时期，吴王叫大臣伍子胥修建了著名的阖闾大城，以防侵略。

城建成后，吴王大喜，伍子胥却闷闷不乐。伍子胥对身边人说："我死后，如国家有难，百姓受饥，在城墙下掘地三尺，可找到充饥的食物。"

后来，越国勾践举兵伐吴，把吴国都城团团围住。当时正值年关，天寒地冻，城内民众断食，饿死了很多百姓。

危难之际，人们想起了伍子胥生前的话，暗中挖掘城墙，发现城基都是用熟糯米压制成的砖石。原来，伍子胥建城时，将糯米蒸熟压成砖块放凉后，作为城墙的基石，储备下了备荒粮。

后来，每到丰年，人们就用糯米制成城砖一样的糍粑，以此纪念伍子胥。

北方地区小雪节以后，果农开始为果树修枝，以草秸编箔包扎株杆，以防果树受冻。且冬日蔬菜多采用土法贮存，或用地窖，或用土埋，以利食用。

小雪时节，冰雪封地天气寒。利用冬闲时间大搞农副业生产，因地制宜进行冬季积肥、造肥、柳编和草编，从多种渠道开展致富门路。

一、填一填（填增或减）

小雪是反映降水与气温的节气，它是寒潮和强冷空气活动频数较高的节气。小雪节气的到来，意味着天气会越来越（　　　）、降水量渐（　　　）。

二、判断题

1.小雪，是二十四节气中的第二十个节气，冬季第四个节气。（　　）

2.小雪节气前后，很多人家便开始腌制腊肉、香肠了。（　　）

课外综合实践

 农事实践

　　小雪节气，是腌咸菜的好时节。每个家庭腌制的咸菜都有自己独特的家的味道。让我们在家长的指导下，亲自动手，腌制属于自己家庭独特味道的咸菜吧。

姓名		腌制的成菜名称	
所需材料			
制作过程			
我的晒图			
亲朋好友评价			

　　腌制的咸菜成熟后，可以举行一个开坛礼，和亲朋好友分享自己的腌咸菜。

 **自然实践**

　　自然，是一所最伟大的学校。小雪时节，大雪纷飞，大自然别有一番景象。让我们在家长的陪伴下，登上你之前选好的附近的一座山，开始今年的第二十次登山旅程吧！注意对比看看这一次沿途的自然环境较前面时节有什么变化，另外可以重点观察自然中那些熟悉的树木花草都变成什么样了。

"小雪"登山之大自然笔记

我选的山		登山时间	
陪同人		天气	
我的登山路线			
路途见闻（图片或文字）			
我的感受			
我发现小雪时节与前面节气自然环境的变化			

第二十二章

大雪

　　大雪，是二十四节气中的第二十一个节气，更是冬季的第三个节气，交节为每年公历12月6—8日。

　　大雪，是相对于小雪节气而言的，意味着降雪的可能性比小雪更大，气温比小雪更低，地面上可能会有积雪出现，但并非指降雪量一定很大。

　　大雪三候为"一候鹖鴠（hé dàn）不鸣，二候虎始交，三候荔挺出"。意思是此时因天气寒冷，寒号鸟也不再鸣叫了。此时是阴气最盛时期，所谓盛极而衰，阳气已有所萌动，老虎开始有求偶行为。

　　"荔挺"为兰草的一种，感到阳气的萌动而抽出新芽。

大雪习俗

腌肉、打雪仗、赏雪景都是大雪节气的民俗。老南京有句俗话，叫作"小雪腌菜，大雪腌肉"。此时，家家户户门口，窗台上都会挂上腌肉、香肠、咸鱼等腌制品，形成一道亮丽的风景。如果此时恰逢天降大雪，人们都会热衷于在冰天雪地里打雪仗、赏雪景，其乐融融。

大雪食俗

大雪以后气温逐渐变冷，人们屋里屋外都十分注意保暖，纷纷穿上冬装，防止受冻、出现冻疮。这时候可以喝点暖乎乎的红薯粥，红薯含有多种赖氨酸，非常适合冬天食用。

此外，俗话说"冬吃萝卜夏吃姜，不劳医生开药方"，水灵灵的萝卜是冬季里不可或缺的蔬菜。所以，寒冷的冬天可以多吃萝卜。

寒冷的冬天，也可以喝冰糖雪梨银耳汤，可以润肺止咳哦！

江 雪

（唐）柳宗元

千山鸟飞绝， 万径人踪灭。

孤舟蓑笠翁， 独钓寒江雪。

大意

　　所有的山上，飞鸟的身影已经绝迹，所有道路都不见人的踪迹。江面孤舟上，一位披戴着蓑笠的老翁，独自在漫天风雪中垂钓。

大雪谚语

今年麦盖三层被，来年枕着馒头睡。

大意

冬天能连下三场好雪，来年的麦子必定大丰收。麦子能不能丰收，冬雪是很关键的。

大雪纷纷是丰年。

大意

大雪纷纷落下代表着下一年是丰收的年岁。

大雪不冻倒春寒。

大意

在大雪节气这一天如果还没有上冻，气温还保持在零度以上，那么春季会很容易出现倒春寒的现象。

寒号鸟传说

传说有一种小鸟，叫寒号鸟。

夏天的时候，寒号鸟全身长满了绚丽的羽毛，样子非常漂亮。寒号鸟骄傲得不得了，觉得自己就是天底下最漂亮的鸟了，连凤凰也不能同自己相比。于是它整天摇晃着羽毛，到处走来走去，还洋洋得意地唱着："凤凰不如我！凤凰不如我！"

夏天过去了，秋天就要到来了，鸟们都各自忙开了，它们有的开始结伴飞到温暖的南方去过冬；有的选择留下来，开始积聚食物，修理窝巢，提前做好过冬的准备工作。只有寒号鸟，仍然是整日东游西荡，到处炫耀自己身上漂亮的羽毛。

冬天终于来了，天气非常寒冷，鸟们都归到自己温暖的窝巢里。这个时候的寒号鸟，躲在石缝里冷得不行，就把身上的羽毛啄下来暖身子，寒号鸟还不停地叫着："哆罗罗，哆罗罗，寒风冻死我，明天就垒窝。"可等到天亮以后，太阳出来了，温暖的阳光一照，寒号鸟又忘记了夜晚的寒冷，于是它又不停地唱着："得过且过！太阳下面很暖和！"寒号鸟就这样一天天地混着，过一天是一天，一直没能给自己造个窝，身上的羽毛也越啄越少，最后变得光秃秃的了。到了大雪时节，北风呼啸，阳光也失去了往日的温暖。光秃秃的寒号鸟终于冻死在岩石缝里了。

这个故事让我们明白了什么道理？

大雪农事

冬天的北方地区白茫茫一片，冰天雪地，基本上没办法种植作物，此时北方地区田间管理也很少，属农闲时节。但是大棚作物应注意大棚保温，延长光照时间，可以利用植物生长灯进行人工补光。

南方地区小麦、油菜等作物仍在缓慢生长，加强农作物的田间管理很重要。

通关检测

一、判断题

1.大雪每年交节为公历12月7日到9日。（　　　）

2.大雪节气代表气温比小雪更低，地面上可能会有积雪出现。（　　　）

3.南北方在大雪时节必须吃羊肉以抵御寒冷。（　　　）

二、选择题（多选）

1.大雪三候指的是（　　　）。

A.一候鹖鴠不鸣　　B.二候虎始交　　C.三候荔挺出

2.以下哪句诗歌是描写大雪节气的。（　　　）

A.夜深知雪重，时闻折竹声。

B.墙角数枝梅，凌寒独自开。

C.两个黄鹂鸣翠柳，一行白露上青天。

课外综合实践

食俗实践

　　大雪时节气温逐渐变冷，人们屋里屋外都十分注意保暖，纷纷穿上冬装，防止受冻。这时喝上一碗香甜可口的红薯粥是非常惬意的，红薯健脾养胃，还是一种很好的减肥食品。让我们在大雪时节煮一锅暖暖的红薯粥吧。

姓名		粥名	
所需材料			
制作过程			
我的晒图			
亲朋好友评价			

 自然实践

　　自然，是一所最伟大的学校。大雪时节，北方大地千里冰封，万里雪飘。让我们在家长的陪伴下，登上你之前选好的附近的一座山，开始今年的第二十一次登山旅程吧！注意对比看看这一次沿途的自然环境较前面时节有什么变化。另外可以重点观察野外的梅花是否开放了，感受一下梅花的风采。

"大雪"登山之大自然笔记

我选的山		登山时间	
陪同人		天气	
我的登山路线			
路途见闻（图片或文字）			
我的感受			
我发现大雪时节与前面节气自然环境的变化			

春有百花秋有月，夏有凉风冬有雪。当第一朵雪花从天而降的时候，冬天便真正地来到了人间。有蜡梅花开的冬天才韵味十足。

任务一：观梅，品其形。

学生利用课余时间观察身边的蜡梅，记录下梅花的样子。（视频、照片都可）

任务二：读梅，赏其韵。

梅花自古以来深受诗人的喜爱，无数诗人创作了数不清的梅花诗词，选择几首你最喜欢的梅花诗，写一写、读一读、背一背。

题目	作者	正文

任务三：制香囊，品其香。

1.首先选用花瓣较大的优良蜡梅花，放在阳光下或者空气流通的地方晾干。

2.准备一个已经洗干净了的烤箱，先预热烤箱10分钟，把晾干的蜡梅花放进烤箱内。然后把烤箱的温度调至240摄氏度，时间为5分钟。

3.每隔5分钟把蜡梅花翻转一次，待30分钟后，把蜡梅花取出，关闭烤箱。

4.把取出的蜡梅花放在阴凉的地方，待蜡梅花的温度变成常温。准备好布和针线，将布对折，用针线将三边缝起来，留出一边当口子装蜡梅花。

5.把干蜡梅花放入缝好的小布袋中，将袋口穿上绳子。

我的作品展示

第二十三章

冬 至

冬至是二十四节气的第二十二个节气，冬季的第四个节气，于每年公历12月21—23日交节。

冬至到来，标志着气候将进入最寒冷的阶段，也就是人们常说的"数九寒天"。但我国地域辽阔，冬至时节各地的气候景观差异很大，北方地区千里冰封、银装素裹，而南方沿海地区则是一派春色。

冬至节气有三候，分别是"一候蚯蚓结，二候麋（mí）角解，三候水泉动"，说的是冬至到来时土里的蚯蚓还蜷缩着身体；冬至往后五天，天气逐渐变冷，麋鹿的角也会慢慢脱落；再过五天，太阳高度逐渐回升、白昼逐渐增长，所以此时山中的泉水水温上升，得以解冻。

冬至习俗

冬至是二十四节气中一个重要的节气，也是中国民间的传统节日，素有"冬至大如年"的说法，可见民间对冬至节的重视。冬至有祭祖、宴饮、数九、画九等习俗。冬至祭祖之礼与元旦祭祖相同。在祭祖的同时，人们还要向父母长辈拜节。画九习俗是指冬至后用图或文字来记录"九九"的进程和天气变化的方法。

数九寒天也称作数九隆冬、数九天道、数九天气。在民间有数九的习俗，数九一般从冬至日开始的，俗称"交九"，冬至是"一九"的头一天。第一个九天叫作"一九"，从"一九"数到"九九"便春深日暖了。

冬至食俗

由于南北各地风俗文化各异，在冬至节气的食俗也各有不同。冬至吃汤圆是江南地区的传统习俗，汤圆寓意着"团圆""圆满"，冬至吃汤圆又叫"冬至圆"。民间还有"吃了汤圆大一岁之说"。南方一些地方在冬至日要吃烧腊，寓意加菜添岁。在中国北方地区，每年冬至日有吃饺子的习俗，因为饺子有"消寒"之意，至今民间还有吃了冬至饺子不冻人的说法。而在四川，冬至是一定要吃羊肉，喝羊肉汤的。

邯郸冬至夜思家

（唐）白居易

邯郸驿里逢冬至， 抱膝灯前影伴身。
想得家中夜深坐，还应说着远行人。

大意

　　冬至佳节，在外远行的我住在邯郸的客栈里。夜深人静，我独自一人抱着双膝坐在灯前只有影子与我相伴。此时家中的亲人应该会相聚到深夜，正谈论着我这个远行人吧！

　　每逢佳节倍思亲，冬至日不能和家人团圆，诗人的内心多么伤感啊！从这里也可以看出古人对冬至的重视。

 **冬至谚语**

冬至在月头，无被不用愁；冬至在月尾，大雪起纷飞。

大意

　　如果冬至节气在月初的话，当年冬天的气温会略高一些，即便是没有棉被也不用发愁，能安全过冬。如果冬至节气在月末的话，当年冬天的降雪会很频繁，气温也会很低，是个冷冬。

大雪三白，有益菜麦。

大意

　　大雪下过三次之后，对于地里面的蔬菜跟小麦都是有好处的。因为蔬菜比较怕冷，而下雪相当于是给蔬菜、小麦盖上了一层被子，还提供了足够的水分。

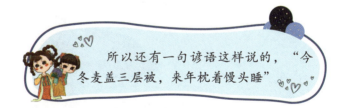

所以还有一句谚语这样说的，"今冬麦盖三层被，来年枕着馒头睡"

冬至毛毛雨，夏至涨大水。

大意

　　如果冬至下起毛毛小雨，预示着来年夏至的时候会下大雨，下大雨会引起内涝，进而引发大水。

冬至吃馄饨(hún tun)的传说

　　相传汉朝时，北方匈奴经常侵扰边境，边疆百姓不得安宁。匈奴部落中有浑氏和屯氏两个残暴的首领。百姓对其恨之入骨，于是用肉馅包成角儿，烹以食之，并取"浑"与"屯"之音，呼作"馄饨"，以表达平息战乱，祈求太平的心愿。

　　由于最初制成馄饨是在冬至这一天，所以有了在冬至这天家家户户吃馄饨的习俗。

冬至农事

　　冬至前后是兴修水利、大搞农田基本建设、积肥造肥的大好时机，同时也要施好腊肥，做好防冻工作。我国的江南地区会加强冬作物的管理，如清沟排水，培土壅根，对尚未犁翻的板结冬壤进行耕翻、疏松，以增强蓄水保水能力，并消灭越冬害虫。

　　已经开始春种的南部沿海地区，会加强水稻秧苗的防寒工作。

通关检测

一、判断题

　　1.冬至我国南北地区都会下雪。（　　　）

　　2.冬至意味着即将进入一年中最寒冷的阶段。（　　　）

　　3.冬至南方地区有吃饺子的食俗。（　　　）

二、选择题（多选）

　　1.冬至农事需要注意（　　　）。

　　A.防冻　　B.防旱　　C.积肥造肥　　D.兴修水利

　　2.冬至三候分别是：一候（　　　），二候（　　　），三候（　　　）。

　　A.麋角解　　B.鹰乃祭　　C.蚯蚓结　　D.水泉动

冬至画九

画九是冬至的一项传统习俗，是指冬至后计算春暖日期的图，也称九九消寒图。梅花式是传统消寒图的一种，画素梅一枝，枝上梅花九朵，每朵九个花瓣，每日涂一瓣，涂完，便是九九八十一天，冬尽春来了。请你也来试一试吧！

消寒图有三种图式，分别为文字、钱币、梅花三种。

自然实践

　　自然，是一所最伟大的学校。冬至这一天，北半球白天最短，黑夜最长。冬至后，天气也越来越冷，但我们坚持了快一年的登山活动可不能停止哦，让我们在家长的陪伴下，登上你之前选好的附近的一座山，开始今年的第二十二次登山旅程吧！注意对比看看这一次沿途的自然环境较前面时节有什么变化。如果恰好你所在的地区下雪了，可以和家长一起玩打雪仗堆雪人的游戏哦。

"冬至"登山之大自然笔记

我选的山		登山时间	
陪同人		天气	
我的登山路线			
路途见闻（图片或文字）			
我的感受			
我发现冬至时节与前面节气自然环境的变化			

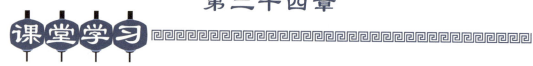

第二十四章

课堂学习

小　寒

小寒是二十四节气的第二十三个节气，冬季的第五个节气，小寒于每年公历1月5—7日交节，是一个反映气温变化的节气。

俗话说"小寒时处二三九，天寒地冻冷到抖"，足以说明小寒时节的寒冷程度。

小寒分为三候，"一候雁北乡，二候鹊始巢，三候雉始鸲（qú）"。此节气大雁开始向北迁移，北方到处可见到喜鹊开始筑巢，雉在接近四九时会感受到阳气而鸣叫。

小寒习俗

　　小寒是腊月的节气，由于古人会在12月份举行合祀众神的腊祭，因此把腊祭所在的12月叫腊月。腊的本义是"接"，取新旧交接之意。腊祭为我国古代祭祀习俗之一，早在先秦时期就已形成。

　　腊八节，即每年农历十二月八日，又称为"法宝节""佛成道节""成道会"等。本为佛教纪念释迦牟尼佛成道之节日，后逐渐也成为民间节日。腊八节主要流行于中国北方地区，节日习俗是喝腊八粥。

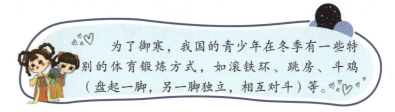

　　为了御寒，我国的青少年在冬季有一些特别的体育锻炼方式，如滚铁环、跳房、斗鸡（盘起一脚，另一脚独立，相互对斗）等。

小寒食俗

　　小寒的食俗有吃腊八粥、腊八蒜、黄芽菜（天津）、糯米饭（广东）、菜饭（南京），"一风一俗"，由于地域不同，食俗也略有不同。

　　广州的糯米饭并不只是把糯米煮熟那么简单，里面会配上炒香的腊肠和腊肉、香菜、葱花等配料，吃起来特别香。

小 寒

（唐）元 稹

小寒连大吕， 欢鹊垒新巢。
拾食寻河曲， 衔紫绕树梢。
霜鹰近北首， 雉雉隐丛茅。
莫怪严凝切， 春冬正月交。

大意

到了小寒这个节气，就好像"音律"之首——"大吕"奏响一般，这时候的喜鹊也开始要筑新巢了。它们觅食，总喜欢去河道弯弯的地方，因为那里方便它们口衔树枝和湿泥，进而围绕树梢来筑巢。大雁开始有了北归的苗头，野鸡藏匿在茅草丛里鸣叫。不要抱怨天气仍然寒冷严峻，因为春冬交替马上就要在正月进行了。

小寒胜大寒，常见不稀罕。

大意

　　小寒节气的天气一般要比大寒节气更冷一些，这都是很常见的现象。

小寒不寒，清明泥潭。

大意

　　如果小寒时节不冷的话，那么，第二年的清明时节就会多雨。

小寒无雨，小暑必旱。

大意

　　如果小寒时节不下雨的话，那么，来年的小暑时节就会干旱。

腊八粥的来历

　　相传佛教的创始者释迦牟尼本是古印度北部迦毗罗卫国净饭王的儿子，他见众生受生老病死等痛苦折磨，又不满当时婆罗门的神权统治，舍弃王位，出家修道。经六年苦行，于腊月初八在菩提树下悟道成佛。在这六年的苦行中，释迦牟尼每日仅食一麻一米。

　　后人为了不忘记释迦牟尼所受的苦难，于是在每年的腊月初八吃粥以纪念他。佛教传入中国后，各地兴建寺院，煮粥敬佛的活动也随之盛行起来。

小寒农事

　　小寒天气严寒，农事上，北方大部分地区地里已经没活了，都要进行歇冬，主要任务是在家做好菜窖、畜舍的保暖和造肥积肥等工作。南方地区要注意给小麦、油菜等作物追施冬肥，做好防寒防冻和兴修水利等工作。如果遇到强冷空气，则在地里洒草木灰、作物秸秆或盖粪等以帮助作物度过最冷时节。

通关检测

一、判断题

　　1.小寒时节在每年公历2月5—7日交节。（　　　）

　　2.小寒是一年中最冷的时候。（　　　）

　　3.腊八粥的来历与佛教相关。（　　　）

二、选择题（多选）

　　1.小寒三候指（　　　）。

　　A.一候东风解冻　　B.二候鹊始巢　　C.三候雉始雊

　　2.小寒的习俗有（　　　）。

　　A.腊祭　　B.吃腊八粥　　C.吃柿子

课外综合实践

食俗实践

　　在我国北方，有"小孩小孩你别馋，过了腊八就是年"之说，过腊八意味着拉开了过年的序幕。每到腊八节，北方地区忙着剥蒜制醋，泡腊八蒜，吃腊八粥。让我们也在这寒冬里为家人熬一锅暖暖的腊八粥吧！

　　食材准备：

　　大米、小米、玉米、薏米、红枣、莲子、花生、桂圆。

　　具体做法：

　　把八种食材淘洗干净放入盛有适量水的锅里，小火慢慢熬制，中途不断搅拌，熬成稠状即可。

　　我们了解了腊八粥的制作，其实不同地域腊八粥的制作各不相同，你可以通过视频了解更多腊八粥的做法，然后选择一种你最感兴趣的，亲手做一做吧！

姓名		学校班级	
所需材料			
制作过程			
我的晒图			
分享与感受			

自然，是一所最伟大的学校。小寒时节，正处"二九""三九"期间，天寒地冻，正是需要我们加强身体锻炼、提高身体素质的好时节。让我们在家长的陪伴下，登上你之前选好的附近的一座山，开始今年的第二十三次登山旅程吧！注意对比看看这一次沿途的自然环境较前面时节有什么变化。另外注意运动节奏，不可过量。

"小寒"登山之大自然笔记

我选的山		登山时间	
陪同人		天气	
我的登山路线			
路途见闻（图片或文字）			
我的感受			
我发现小寒时节与前面节气自然环境的变化			

第二十五章 课堂学习

大　寒

　　大寒是二十四节气的第二十四个节气，冬季的第六个节气，于每年公历1月20—21日交节。

　　大寒同小寒一样，都是表示天气寒冷程度的节气，大寒是天气寒冷到极致的意思。大寒节气处在三九、四九时段，此时寒潮南下频繁，是一年中最寒冷的时节。

　　大寒三候分别是"一候鸡始乳，二候征鸟厉疾，三候水泽腹坚"。意思是说，到了大寒节气，歇冬的母鸡就开始产蛋，可以孵小鸡了。再过五天，鹰隼凌空盘旋捕食更猛烈。又过5天，连河塘中间都会结起坚硬的冰层。

大寒习俗

大寒是二十四节气中的最后一个节气，虽是农闲时节，但家家都在忙着过年，此即"大寒迎年"的风俗。童谣里这样唱道："小孩，小孩，你别馋，过了腊八就是年。腊八粥，过几天，哩哩啦啦二十三。二十三，糖瓜粘；二十四，扫房子；二十五，磨豆腐；二十六，去买肉；二十七，宰年鸡；二十八，把面发；二十九，蒸馒头；三十晚上熬一宿，初一、初二满街走。"你看看这首童谣里面有多少有趣的习俗呀！

你家准备好过年了吗？都做了哪些准备呢？

大寒食俗

岭南民谚有云："小寒大寒，无风自寒。"在广东民间，大寒来临前，家家户户煮上一锅香喷喷的糯米饭，拌入腊味、虾米、干鱿鱼、冬菇等，以迎接传统节气中最冷的一天。糯米味甘、性温，食之具有御寒滋补功效。安徽安庆则有大寒炸春卷的习俗。

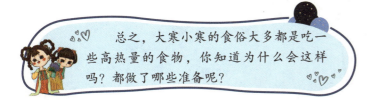

总之，大寒小寒的食俗大多都是吃一些高热量的食物，你知道为什么会这样吗？都做了哪些准备呢？

元 日

（宋）王安石

爆竹声中一岁除，　春风送暖入屠苏。

千门万户瞳瞳日，　总把新桃换旧符。

大意

　　阵阵轰鸣的爆竹声中，旧的一年已经过去。和暖的春风吹来了新年，人们欢乐地畅饮着新酿的屠苏酒。初升的太阳照耀着千家万户，他们都忙着把旧的桃符取下，换上新的桃符。

 大寒谚语

南风打大寒，雪打清明秧。

大意

　　如果大寒节气当天有南风，那么到了清明节期间，可能会有降雪出现，清明节部分地区的早稻已经种植出苗，此时出现下雪，会导致秧苗发生冻害。

大寒一夜星，谷米贵如金。

大意

　　大寒节气当天夜里天空有星星，那么来年的稻谷就特别地贵。

小寒大寒，冷成冰团。

大意

　　其字面意思是说在小寒和大寒节气的时候，气温非常低，这个时候一般是一年中最冷的时候。

大寒尾牙祭的故事

传说中，尾牙节是拜祭土地公（福德正神）的活动。

据说，周朝时有位官员赴远地当官，留下妻儿在老家。后来官员思念幼女，想接幼女到身边。于是家里的妻子就让家仆张福德伴随主人爱女千里寻父。没想到途中遇到暴风雪，张福德为了救小主人，不幸被冻死了。主人感念其忠诚而建庙祭祀。周武王时加赠封号"后土"，后来又被乡人尊称为"福德正神"。

每月的初一、十五或者初二、十六，是祭拜土地公神的日子，称为"做牙"。二月二日为最初的做牙，叫"头牙"；腊月十六日的做牙是最后一个做牙，所以叫"尾牙"。尾牙是商家一年活动的"尾声"，也是普通百姓春节活动的"先声"。这一天，百姓家都要祭拜福德正神。

大寒农事

　　大寒时节，北方地区白茫茫一片，冰天雪地，基本上没办法种植作物。大部分地区田间已经没有太多的农活，都进行歇冬。小寒、大寒是一年中雨水最少的时段，在南方地区则要注意给小麦、油菜等作物追施冬肥，并做好防寒防冻、兴修水利等工作。

　　不过在大棚里的作物不能按户外的正常节气管理。因为有了大棚，人们可以打破季节气候的影响，一年四季我们都可以吃到新鲜的蔬菜瓜果。

通关检测

一、填空题

　　大寒，每年1月20日左右，也是（　　）季即将结束之时。俗话说"三九四九，冻破石头"，这时的江河湖泊面结冰的厚度也达到了全年最（　　）。

二、判断题

　　1.大寒，二十四节气的最后一个节气。（　　）
　　2.一般来说，大寒时节正是过年的时候。（　　）

课外综合实践

习俗实践

为了迎春，中国许多地区都喜欢在窗户上贴上各种窗花，以增添节日氛围。而剪纸又是我国非物质文化遗产之一，具有浓郁的中国特色。让我们在新春来临之际，剪上几幅窗花，为自己的家增添一些节日气氛。

姓名		学校班级	
所需材料			
制作过程			
我的晒图			
亲朋好友评价			

　　自然，是一所最伟大的学校。大寒时节，北半球进入最寒冷的时节。顽强的你是否能坚持在家长的陪伴下，登上你之前选好的附近的一座山，开始今年的第二十四次也是最后一次登山旅程呢？如果能，在登山的时候注意对比看看这一次沿途的自然环境较春天、夏天、秋天时节有什么变化。

"大寒"登山之大自然笔记

我选的山		登山时间	
陪同人		天气	
我的登山路线			
路途见闻（图片或文字）			
我的感受			
我发现大寒时节与前面节气自然环境的变化			

第二十六章

二十四节气七十二物候

　　物候，是指动物、植物、鸟类、天气等随季节变化的周期性自然现象。一句话，物候就是大自然的语言。古人以五日为候，三候为气，六气为时，四时为岁，一年二十四节气共七十二候。其中植物候应有植物的幼芽萌动、开花、结果等；动物候应有动物的始振、始鸣、交配、迁徙等；非生物候应有始冻、解冻、雷始发声等。

　　这一年，我们学习了二十四节气，现在，我们把二十四节气的七十二物候整理出来，你有什么发现吗？

节气	立春	雨水	惊蛰
物候	东风解冻， 蛰虫始振， 鱼上冰。	獭祭鱼， 鸿雁来， 草木萌动。	桃始华， 仓庚鸣， 鹰化为鸠。
节气	春分	清明	谷雨
物候	玄鸟至， 雷乃发声， 始电。	桐始华， 田鼠化为鴽， 虹始见。	萍始生， 鸣鸠拂其羽， 戴胜降于桑。
节气	立夏	小满	芒种
物候	蝼蝈鸣， 蚯蚓出， 王瓜生。	苦菜秀， 靡草死， 小暑至（麦秋生）。	螳螂生， 鵙始鸣， 反舌无声。

续表

节气	夏至	小暑	大暑
物候	鹿角解， 蜩始鸣， 半夏生。	温风至， 蟋蟀居辟， 鹰乃学习(鹰始鸷)。	腐草为萤， 土润溽暑， 大雨时行。
节气	立秋	处暑	白露
物候	凉风至， 白露降， 寒蝉鸣。	鹰乃祭鸟， 天地始肃， 禾乃登。	鸿雁来， 玄鸟归， 群鸟养羞。
节气	秋分	寒露	霜降
物候	雷始收声， 蛰虫培户， 水始涸。	鸿雁来宾， 雀入大水为蛤， 菊有黄华。	豺乃祭兽， 草木黄落， 蛰虫咸俯。
节气	立冬	小雪	大雪
物候	水始冰， 地始冻， 雉入大水为蜃。	虹藏不见， 天气上气地气下降， 闭塞而成冬。	鹖旦不鸣， 虎始交， 荔挺生。
节气	冬至	小寒	大寒
物候	蚯蚓结， 麋角解， 水泉动。	雁北乡， 鹊始巢， 雉始鸲。	鸡使乳， 鸷鸟厉疾， 水泽腹坚。

我的发现：_____

_____

_____

一棵树的一年

这一年，你选择重点观察的那棵树有什么变化呢？请你把每次拍摄的图片按顺序排列在一起，你会发现，一棵树一年的变化真的非常大。

拍摄时间	拍摄时间

拍摄时间	拍摄时间

续表

拍摄时间	拍摄时间
拍摄时间	拍摄时间
拍摄时间	拍摄时间

续表

拍摄时间	拍摄时间
拍摄时间	拍摄时间
拍摄时间	拍摄时间

续表

拍摄时间	拍摄时间
拍摄时间	拍摄时间

我的发现：_____

_____

_____

小动物们的一年

这一年，你在自然实践的过程中一定发现了不少有趣的鸟儿、昆虫等小动物吧，把你拍到的小动物按拍摄的时间顺序排列出来，你有什么有趣的发现吗？

拍摄时间	拍摄时间
拍摄时间	拍摄时间

续表

拍摄时间	拍摄时间
拍摄时间	拍摄时间
拍摄时间	拍摄时间

续表

拍摄时间	拍摄时间
拍摄时间	拍摄时间
拍摄时间	拍摄时间

续表

拍摄时间	拍摄时间
拍摄时间	拍摄时间

我的发现：_____

_____

_____